高等职业教育系列教材

校企合作 | 产教融合 | 理实同行 | 配套资源丰富

Web应用系统安全开发

主编 | 邬可可
参编 | 张平安　但唐仁　胡光武　霍超能

本书采用通俗易懂的语言，结合丰富的实例和教学资源，系统介绍了 PHP Web 应用系统开发与安全防护的相关知识。全书共 6 章，内容涵盖 Web 系统开发所需的技术框架和安全编程技术，包括开发环境搭建及安全部署、Web 前端开发与安全防护、PHP 语法基础与编码安全、Web 后端开发与安全防护、MySQL 数据库与安全防护，以及企业安全开发体系的构建。

本书可作为高等职业院校及各类培训机构的专业教材，也可供广大初、中级 Web 安全开发工程师与爱好者自学使用。

本书配有微课视频，读者扫描书中二维码即可观看。另外，本书配有电子课件、电子教案、源代码、习题答案等数字化教学资源，需要的教师可登录机械工业出版社教育服务网（www.cmpedu.com）免费注册，审核通过后下载，或联系编辑索取（微信：13261377872，电话：010-88379739）。

图书在版编目（CIP）数据

Web 应用系统安全开发 / 邬可可主编. --北京：机械工业出版社，2024.8. --（高等职业教育系列教材）. ISBN 978-7-111-76184-6

Ⅰ．TP393.08

中国国家版本馆 CIP 数据核字第 20243QF522 号

机械工业出版社（北京市百万庄大街 22 号　邮政编码 100037）
策划编辑：李培培　　　　　责任编辑：李培培
责任校对：曹若菲　李　杉　　责任印制：李　昂
北京捷迅佳彩印刷有限公司印刷
2024 年 9 月第 1 版第 1 次印刷
184mm×260mm・14.75 印张・380 千字
标准书号：ISBN 978-7-111-76184-6
定价：65.00 元

电话服务　　　　　　　　　网络服务
客服电话：010-88361066　　机 工 官 网：www.cmpbook.com
　　　　　010-88379833　　机 工 官 博：weibo.com/cmp1952
　　　　　010-68326294　　金 书 网：www.golden-book.com
封底无防伪标均为盗版　　　机工教育服务网：www.cmpedu.com

Preface 前 言

本书是一本关于网站安全开发的教材，即在开发网站的同时，兼顾其安全性。没有网络安全就没有国家安全，作为网络应用程序安全开发的课程，除了注重编程安全，更应该提高网络安全认识，树立正确的国家安全观。本书是为满足当今时代对于网站安全开发的需求而设计，读者将学习到开发安全可靠的 Web 应用系统所需的技术框架（HTML + PHP + MySQL）和安全编程技术，从而胜任 Web 系统开发工程师、网站安全工程师的工作。本书的主要内容包括开发环境搭建及安全部署、Web 前端开发与安全防护、PHP 语法基础与编码安全、Web 后端开发与安全防护、MySQL 数据库与安全防护，以及企业安全开发体系的构建。本书由教学经验丰富的一线老师编写，体系完整、内容丰富，理论联系实际，能让读者轻松掌握 Web 安全开发中的理论知识并提升实操能力。

本书的编写特色如下。

一、思政协同，价值引领

党的二十大报告强调"育人的根本在于立德。全面贯彻党的教育方针，落实立德树人根本任务，培养德智体美劳全面发展的社会主义建设者和接班人。"本书在各章中提炼了素养目标，培养学生德技并修、匠心报国的品质，激发学生的爱国热情，使学生心中有信念、人生有追求、学习有榜样、职业有坚守。

二、校企合作，理实同行

本书内容由具有多年教学经验的专职教师和计算机软件开发企业合作开发，将真实的企业案例转化为适用于教学的实例，基于职业岗位要求安排知识技能点，帮助学生在项目开发中掌握综合的职业技能。

三、全新形态、全新理念

本书采用"知识点+小实例"的形式讲解，在用通俗易懂的语言介绍知识点后，紧接着安排与当前知识点和实际应用紧密相关的小实例，从而使读者边学边练、学有所用。另外，本书还安排了大量简单实用的章节实训，激发读者学习的积极性，帮助读者提高实践能力。

四、线上资源，丰富多彩

本书与在线开放精品课程同步配套建设，读者可以登录智慧树网（https:

//coursehome.zhihuishu.com/courseHome/1000082540#teachTeam）学习本书的线上课程，也可下载教学资源。配套的教学资源丰富，有微课视频、课程标准、教案、题库、试卷、PPT 课件、书中程序源代码等资源。如果读者在学习过程中有什么疑问，也可以登录该课程网站寻求帮助。

　　本书由深圳信息职业技术学院的邬可可主编，张平安、但唐仁、胡光武、霍超能参加编写。机械工业出版社的李培培编辑对本书的出版给予了大力支持。在此，谨向这些为本书出版辛勤付出的同志深表感谢！编者参考了大量文献资料，在此向相关作者表示诚挚的谢意！

　　本书不仅适用于高职院校计算机技术应用和信息安全技术应用专业的学生，还适用于从事 Web 应用开发和安全工作的工程师和技术人员。希望通过本书的学习，读者能够了解 Web 系统开发与安全防护，掌握网站开发的相关技术和工具，为国家的网络空间安全做好人才储备。

　　由于编者水平有限，书中存在的不妥之处，敬请广大读者批评指正。

编　者

目 录 Contents

前言

第 1 章　开发环境搭建及安全部署 ………………………… 1

1.1　Web 系统架构的工作模式 ………… 1
    1.1.1　Web 系统架构概述 …………… 1
    1.1.2　C/S 架构与 B/S 架构的比较 …… 2
    1.1.3　Web 系统的工作模式 ………… 2
    1.1.4　Web 系统开发的三大主流技术 … 3

1.2　静态网页与动态网页的工作原理 … 3
    1.2.1　静态网页的工作原理 ………… 3
    1.2.2　动态网页的工作原理 ………… 4

1.3　PHP 概述与工作原理 ……………… 6
    1.3.1　PHP 编程语言概述 …………… 6
    1.3.2　PHP Web 的工作原理 ………… 6

1.4　PHP Web 开发环境的搭建 ………… 7
    1.4.1　IIS 服务器的安装 ……………… 7
    1.4.2　PHP 引擎的部署 ……………… 9
    1.4.3　MySQL 数据库的安装 ……… 14
    1.4.4　在开发工具中创建站点 ……… 19

1.5　PHP Web 开发环境的安全部署 … 22
    1.5.1　Windows 操作系统的安全部署 … 22
    1.5.2　IIS 服务器的安全部署 ……… 27
    1.5.3　PHP 引擎的安全部署 ……… 33
    1.5.4　MySQL 数据库的安全部署 … 35

1.6　开发第一个 PHP 程序来测试
　　　开发环境 ……………………………37

本章实训 ……………………………………38

第 2 章　Web 前端开发与安全防护 ………………………… 39

2.1　使用 HTML 定义网页内容 ……… 39
    2.1.1　HTML 概述 ………………… 39
    2.1.2　用标签规定元素属性和位置 … 40
    2.1.3　用表单收集用户输入信息 … 46

2.2　使用 CSS 规定网页布局 ………… 51
    2.2.1　CSS 语法基础 ……………… 51
    2.2.2　使用 CSS 实现网页的美化与轮廓 … 53

2.3　使用 JavaScript 编写网页行为 …… 63
    2.3.1　JavaScript 语法基础 ………… 63
    2.3.2　使用 JavaScript 实现网页的动作与
    　　　事件 …………………………… 71

2.4　跨站脚本攻击与防御 ……………… 79
    2.4.1　跨站脚本攻击的威胁 ……… 79
    2.4.2　跨站脚本攻击的防御 ……… 81

本章实训 ……………………………………84

第 3 章　PHP 语法基础与编码安全 ………………………… 85

3.1　PHP 的语言基础 ………………… 85

3.1.1　PHP 的基本语法 …………… 85

3.1.2 PHP 的数据类型 ……………… 87
3.1.3 PHP 的常量 …………………… 94
3.1.4 PHP 的变量 …………………… 97
3.1.5 PHP 的运算符 ………………… 100

3.2 PHP 的函数 …………………………… 105

3.2.1 PHP 的自定义函数 …………… 105
3.2.2 PHP 函数的参数 ……………… 106
3.2.3 PHP 的内置函数 ……………… 108

3.3 PHP 的数组 …………………………… 111

3.3.1 PHP 数组概述 ………………… 111
3.3.2 PHP 数组的使用 ……………… 112
3.3.3 PHP 内置的数组函数 ………… 114
3.3.4 PHP 内置的全局数组 ………… 115

3.4 PHP 的流程控制 ……………………… 117

3.4.1 PHP 流程控制概述 …………… 117
3.4.2 使用条件语句实现分支设计 … 118
3.4.3 使用循环语句实现循环控制 … 123
3.4.4 使用跳转语句实现强制执行流程 …… 128

3.5 PHP 弱数据类型的编码安全 ………… 132

3.5.1 PHP 弱数据类型安全问题 …… 132
3.5.2 Hash 比较的缺陷与修复 ……… 134
3.5.3 bool 比较的缺陷与修复 ……… 136
3.5.4 数字转换比较的缺陷与修复 … 137
3.5.5 switch 比较的缺陷与修复 …… 138

本章实训 ……………………………………… 140

第 4 章 Web 后端开发与安全防护 …………… 142

4.1 使用表单实现 Web 页面交互 ……… 142

4.1.1 Web 后端开发概述 …………… 142
4.1.2 使用表单提交数据和获取数据 … 143
4.1.3 使用表单实现用户注册页面实例 … 143

4.2 使用 COOKIE 存储用户身份信息 …… 147

4.2.1 PHP COOKIE 的用法 ………… 148
4.2.2 用 COOKIE 跟踪用户登录实例 … 150

4.3 使用 SESSION 存储用户会话信息 … 152

4.3.1 PHP SESSION 的用法 ………… 153
4.3.2 用 SESSION 实现购物车实例 … 154

4.4 文件的上传 …………………………… 161

4.4.1 创建文件上传表单 …………… 161
4.4.2 创建文件上传脚本 …………… 162
4.4.3 创建文件上传限制 …………… 162
4.4.4 保存上传的文件 ……………… 163
4.4.5 文件上传实例 ………………… 165

4.5 文件上传漏洞与安全防护 …………… 168

4.5.1 文件上传漏洞的危害 ………… 168
4.5.2 检查文件类型防止上传漏洞 … 169
4.5.3 文件上传漏洞的综合安全防护 … 170

本章实训 ……………………………………… 173

第 5 章 MySQL 数据库与安全防护 …………… 174

5.1 MySQL 数据库的使用 ……………… 174

5.1.1 MySQL 数据库概述 …………… 174
5.1.2 MySQL 数据库的数据类型 …… 175
5.1.3 MySQL 服务器的基本操作 …… 177
5.1.4 MySQL 数据库的基本操作 …… 179
5.1.5 MySQL 数据表的基本操作 …… 182
5.1.6 MySQL 表记录的基本操作 …… 186
5.1.7 MySQL 数据库的备份和恢复 … 189

5.1.8 使用 DOS 操作 MySQL 数据库
实例 ·· 191

5.2 phpMyAdmin 管理 MySQL 数据库 ·· 192

5.2.1 图形化管理工具 phpMyAdmin
简介 ·· 192
5.2.2 使用 phpMyAdmin 管理数据库 ······ 194
5.2.3 使用 phpMyAdmin 管理数据表 ······ 195
5.2.4 使用 SQL 语句操作数据表 ············ 197
5.2.5 使用 phpMyAdmin 管理数据
记录 ·· 199
5.2.6 生成和执行 MySQL 数据库脚本 ···· 200

5.2.7 使用 phpMyAdmin 管理 MySQL
数据库实例 ·································· 202

5.3 PHP 操作 MySQL 数据库 ········· 205

5.3.1 PHP 操作 MySQL 数据库的步骤 ···· 205
5.3.2 PHP 操作 MySQL 数据库的函数 ···· 205
5.3.3 使用 PHP 操作 MySQL 数据库
实例 ·· 208

5.4 SQL 注入漏洞与安全防护 ········ 213

5.4.1 SQL 注入漏洞的威胁 ···················· 213
5.4.2 SQL 注入漏洞的防护 ···················· 218

本章实训 ·· 222

第 6 章 企业安全开发体系的构建 ·············· 223

6.1 Web 应用系统安全开发原则 ······ 223

6.2 软件项目安全开发流程 ············ 225

6.3 建立合理的安全开发体系 ········ 226

本章实训 ·· 227

第1章　开发环境搭建及安全部署

本章导读

本章首先阐述了 Web 系统开发的技术框架和以 PHP 为核心编程语言的 Web 开发平台。其次，在 Windows 10 专业版上搭建 IIS+MySQL8+PHP8 的开发环境，并且为 Windows、IIS 服务器、PHP 引擎，以及 MySQL 数据库做好安全部署工作，以确保 PHP Web 运行环境的安全。最后，开发一个简单的 PHP 程序，来测试运行开发环境。

学习目标

- 熟悉 Web 系统架构、PHP 工作原理。
- 掌握 PHP 在 Windows 下开发环境的搭建。
- 掌握 PHP Web 开发环境的安全部署。

素养目标

- 提高网络安全意识，树立正确的国家安全观。
- 紧跟时代步伐，了解前沿科技，树立科技报国的人生理想。

1.1 Web 系统架构的工作模式

本节将引入 Web 系统架构的基本概念，讨论两种网络应用软件系统架构的区别，阐述 Web 系统的工作模式，介绍当今 Web 应用系统开发的三大主流技术。

1.1 Web 系统架构的工作模式

1.1.1 Web 系统架构概述

随着互联网技术的高速发展，绝大多数的应用软件都能支持网络通信。因此，各种各样的网络应用软件开发系统架构应运而生。其中，应用较为广泛的有两种网络系统架构：一种是 C/S（Client/Server）架构，也就是客户端/服务器架构；另一种是 B/S（Browser/Server）架构，也就是浏览器/服务器架构，B/S 架构也叫 Web 系统架构。

C/S 架构的网络应用软件，必须在客户端安装软件，才能访问服务器，例如，QQ、微信、杀毒软件、视频播放器、Office 办公软件等，如图 1-1 所示。

随着浏览器功能的日益强大，越来越多的网络应用软件选择通过网页形式来呈现内容，并和用户进行交互，涌现出了非常丰富的网页客户端，形成了一种全新的网络系统架构——B/S 架构。B/S 架构无需在客户端安装软件，只需打开浏览器，就可以访问网络应用服务器，省去了安装客户端软件的代价，也成了当今主流的 Web 系统架构，如图 1-2 所示。

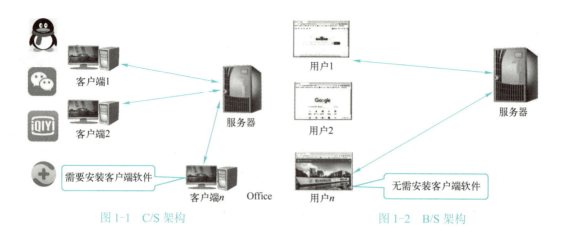

图 1-1　C/S 架构　　　　　　　　　　　　图 1-2　B/S 架构

1.1.2　C/S 架构与 B/S 架构的比较

两种系统架构各自都有优缺点。

从开发和维护成本来说，由于 C/S 架构需要在客户端安装软件，所以客户端软件的版本控制就成为一个较大的问题。而 B/S 架构，由于它采用通用的浏览器作为客户端，一方面浏览器的普及率很高，另一方面浏览器的运行和呈现方式比较一致，因此使用 B/S 架构的维护成本是比较低的。

从客户端负载来看，C/S 架构的客户端往往需要承载大量的业务功能，所以它的客户端更为复杂；而 B/S 架构的客户端主要负责页面呈现和用户交互，核心业务功能都放在了服务器端，所以它的客户端更为简单。

从安全性角度来看，C/S 架构客户端软件可以设计最为严格的安全保障机制，而 B/S 架构主要依赖于浏览器的安全机制，所以 C/S 架构的安全性更高。

在实际应用中，可以根据具体的业务需求来选择是用 B/S 架构还是 C/S 架构来实现业务功能。本书主要介绍如何使用 B/S 架构来开发 PHP 网络应用软件，并考虑其安全性。

1.1.3　Web 系统的工作模式

Web 系统采用 B/S 模式工作，B/S 中浏览器端与服务器端采用"请求/响应"模式进行交互，如图 1-3 所示。

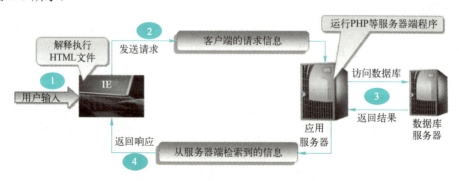

图 1-3　B/S 架构的"请求/响应"模式

1）用户在浏览器中输入信息，如用户名、密码等，发送对系统的访问请求。

2）浏览器把请求消息（包含用户名、密码等信息）发送到 Web 服务器端，等待 Web 服务器端的响应。

3）Web 服务器端通常使用服务器端程序，如 PHP、Java 等高级编程语言，来访问数据库，并获得数据执行结果。

4）Web 服务器端向浏览器发送响应消息（一般是动态生成的 HTML 页面），并由客户端的浏览器解释 HTML 文件，呈现系统用户界面。

> 注意：这里所讲的 Web 服务器端用高级编程语言实现的程序，就是 Web 系统的后端开发；而客户端的浏览器如何显示，就是 Web 系统的前端开发。

1.1.4　Web 系统开发的三大主流技术

目前市面上 Web 应用系统的开发，主要有三大主流技术，分别是 J2EE 开发平台、.NET 开发平台和 LAMP 开发平台。

- J2EE 开发平台是 SUN 公司（已被 Oracle 公司收购）建立的一套 Web 系统开发标准，其开发架构是 JSP + Java + Tomcat/WebLogic + Oracle + UNIX/Windows 的组合。主要是用 Java 编写 Web 服务器端程序。
- .NET 开发平台是微软公司建立的一套 Web 系统开发标准，其开发框架是 ASP + C#/VB + IIS + SQLServer + Windows 的组合。主要是用 C#或 VB 编写 Web 服务器端程序。
- LAMP 开发平台是 PHP 组织建立的一套 Web 系统开发标准，其开发架构是 Linux + Apache + MySQL + PHP，或者 Windows + IIS + MySQL +PHP。主要是用 PHP 来编写 Web 服务器端程序。

本书将采用 LAMP 开发平台的 Windows + IIS + MySQL +PHP 来开发 Web 应用系统。

1.2　静态网页与动态网页的工作原理

基于上述对 Web 系统架构的理解，本节将进一步分析 Web 网页的两种技术形态——静态网页和动态网页。

1.2
静态网页与动态网页的工作原理

1.2.1　静态网页的工作原理

根据从 Web 服务器上获取 Web 网页方式的不同，可以将网页分为静态网页和动态网页。

静态网页也称为普通网页，它不是指网页中的元素都是静止不动的，而是指网页文件中没有程序代码，只有 HTML（超文本标记语言）标记，一般扩展名为.htm、.html、.shtml 或.xml 等。静态网页一经制成，内容就不会再发生变化，不管何人何时访问，静态网页的显示和内容都是一样的。因此，静态网页只供用户浏览，例如浏览一个通知、浏览一则新闻等；它不能实现用户与网站进行数据交互，例如，不能实现搜索、登录、注册、购买等数据交互功能。静态网页是在服务器端基于 HTML、XML、CSS、JavaScript 等脚本语言开发实现的，不包含任何 Web 服务器端的 PHP、Java、VC 等高级编程语言。静态网页的开发，也叫 Web 前端开发。

静态网页的工作流程可以分为以下三个步骤。

1）用户在浏览器地址栏中输入某个静态网页的 URL（统一资源定位符）并按<Enter>键，浏览器发送请求到 Web 服务器。

2）Web 服务器找到此静态网页文件的位置，并将它转换为 HTML 流传送到用户的浏览器。

3）浏览器收到 HTML 流，显示此网页的内容。

在步骤 1）～3）中，静态网页的内容不会发生任何变化，其工作原理如图 1-4 所示。

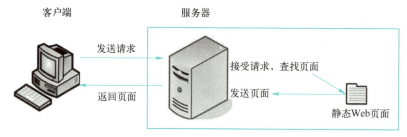

图 1-4　静态网页的工作原理

1.2.2　动态网页的工作原理

动态网页是指在网页文件中除了 HTML 标记以外，还包括一些实现特定功能的程序代码，动态网页的扩展名通常根据所用的程序设计语言不同而不同，一般为.asp、.aspx、.jsp、.php、.cgi、.perl 等。这些程序代码实现了浏览器与服务器之间的数据交互，即服务器端可以根据浏览器的不同请求动态地产生不同的网页内容，例如，搜索、登录、注册、购买等。动态网页需要在服务器端基于 Web 前端脚本语言，PHP、Java、VC 等高级编程语言，以及数据库技术共同开发实现。动态网页的开发，也叫 Web 后端开发。

日常生活中，经常用到的动态网页，如百度网站，用户在百度搜索栏中输入关键字"PHP技术"时，经过百度服务器端的程序运行和数据库操作，百度的动态网页就会自动排列出搜索到的所有有关"PHP 技术"的网址链接，如图 1-5 所示。

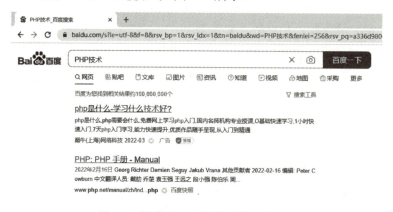

图 1-5　搜索"PHP 技术"的百度页面

动态网页的工作流程分为以下三个步骤。

1）用户在浏览器的地址栏中输入该动态网页的 URL 并按<Enter>键，浏览器发送访问请求到 Web 服务器。

2）Web 服务器找到此动态网页的位置，并根据动态网页中的程序执行结果，动态创建 HTML 流传送到用户浏览器。

3）浏览器接收到 HTML 流，显示此网页的内容。

从整个工作流可以看出，用户浏览动态网页时，需要在服务器上动态执行该网页文件，将含有程序代码的动态网页转化为标准的静态网页，最后把静态网页发送给用户，其工作原理如图 1-6 所示。

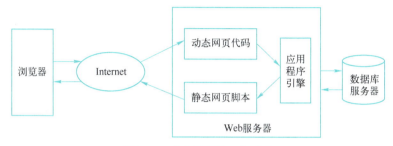

图 1-6　动态网页的工作原理

了解动态网页工作原理之后，可以总结出，动态网页具有如下三个特点。

- 交互性：动态网页会根据用户的要求和选择而动态地改变并做出响应。例如，客户在网页中填写表单信息并提交，服务器经过处理将信息自动存储到后台数据库中，并转到相应的返回页面。因此，采用动态网页技术的网站可以实现与用户的数据交互功能。
- 自动更新：无需单独开发，便可以自动生成新的页面，可以大大节省工作量。例如，在论坛中发布信息，后台服务器将自动生成新的网页。
- 随机性：不同的人，不同的时间，访问同一网址时会产生不同的页面效果。另一方面，动态网页也不是静态网页的替代品。静态网页和动态网页各有特点，网站中的各个网页采用动态网页还是静态网页，主要取决于网站的功能需求和网站内容的多少。如果网站的功能比较简单，内容更新量不是很大，采用纯静态网页的方式会更简单，反之，一般要采用动态网页技术来实现。

静态网页是网站建设的基础，静态网页和动态网页之间并不是矛盾的，为了网站能适应搜索引擎检索的需要，即使采用动态网站技术，也可以将网页内容转化为静态网页发布。动态网站也可以采用静动结合的原则，在适合采用动态网页的地方用动态网页，如果有必要采用静态网页，则可以考虑用静态网页的方法来实现。同一个网站上，动态网页和静态网页同时存在也是很常见的事情。

值得强调的是，不要将动态网页和页面内容是否有动感混为一谈。这里说的动态网页，与网页上的各种动画、滚动字幕等视觉上的动态效果没有直接关系，动态网页可以是纯文字内容，也可以是包含各种动画的内容，这些只是网页具体内容的表现形式，无论网页是否具有动态效果，只要是能与网站服务器进行数据交互的网页就称为动态网页。

总之，动态网页是基本的 HTML 语法规范与 PHP、Java、ASP 等高级程序设计语言、数据库编程等多种技术的融合，以期实现对网站内容和风格的高效、动态和交互式的管理。因此，从这个意义上来讲，凡是结合了 HTML 以外的高级程序设计语言和数据库技术进行的，由网页编程技术生成的网页，都是动态网页。

1.3 PHP 概述与工作原理

本节将引入 PHP 编程语言的基本概念、优势和工作原理，为本书后面的内容做好铺垫。

1.3 PHP 概述与工作原理

1.3.1 PHP 编程语言概述

PHP 即"超文本预处理器"，于 1994 年由 Rasmus Lerdorf（被称为"PHP 之父"）创建，刚开始是 Rasmus Lerdorf 为维护个人履历以及统计网页流量而设计的。后来又用 C 语言重新编写，使其可以访问数据库。他将这些程序和一些表单直译器整合起来，称为 PHP/FI。PHP 语法学习了 C 语言，吸纳 Java 和 Perl 多个语言的特色发展出自己的特色语法，并根据它们的长项持续改进提升自己。PHP 同时支持面向对象和面向过程的开发，使用上非常灵活。

PHP 也是一个应用范围很广的语言，是在服务器端执行的编程语言，尤其适用于 Web 系统开发，并可嵌入 HTML 中。PHP 大多在服务器端执行，通过执行 PHP 代码来产生网页，供浏览器读取，此外也可以用来开发命令行脚本程序。

PHP 可以在许多不同种类的服务器、操作系统、平台上执行，也可以和许多数据库系统对接。

使用 PHP 不需要任何费用，官方组织 PHP Group 提供了完整的程序源代码，允许开发者修改、编译、拓展使用。

从 PHP/FI 到现在最新的 PHP8，PHP 经过多次重新编写和改进，发展十分迅速，一跃成为当前最流行的服务器端 Web 程序开发语言，并且与 Linux、Apache 和 MySQL 一起组成一个强大的 Web 应用程序平台，简称 LAMP。随着开源思想的发展，开放源代码的 LAMP 已经与 J2EE 和.NET 形成三足鼎立之势。

PHP 之所以应用广泛，受到大众欢迎，是因为它具有很多突出的优势。
- 开源免费。PHP 开放源代码，所有的 PHP 源代码事实上都可以得到，PHP 本身也是免费的。
- 跨平台性。由于 PHP 是运行在服务器端的程序，PHP 的跨平台性很好，方便移植，在 Windows、Linux 和 Android 平台上都可以运行。
- 易学性。与 Java、C++等编程语言不同，PHP 语法简单，编写容易，方便学习掌握。
- 执行速度快。PHP 消耗相当少的系统资源，PHP 以支持脚本语言为主，为类 C 语言，代码执行速度快。

1.3.2 PHP Web 的工作原理

静态网页的工作方式是：用户在浏览器里输入一个静态网页的 URL 并按<Enter>键后，即是向服务器端提出了一个浏览网页的请求。服务器端接收到请求后，就会寻找用户要浏览的 HTML 静态页面，然后直接发送给用户，其"请求/响应"的工作原理如图 1-7 所示。

图 1-7 静态网页的工作原理

而 PHP 的所有应用程序都是通过 Web 服务器（如 IIS 或 Apache）和 PHP 引擎执行完成的，其"请求/响应"的工作原理如图 1-8 所示。

图 1-8　PHP Web 工作原理

1）用户在浏览器地址中输入要访问的 PHP 页面文件名，然后按<Enter>键，就会触发这个 PHP 请求，并将请求传送至 PHP Web 服务器。

2）Web 服务器接受这个请求，并根据其后缀进行判断。如果是一个 PHP 请求，Web 服务器读取用户要访问的 PHP 应用程序，并将其发送给 PHP 引擎。

3）PHP 引擎将会对 Web 服务器传送过来的文件从头到尾进行扫描，根据命令从后台读取和处理数据，并动态地生成相应的 HTML 页面。

4）PHP 引擎将生成的 HTML 页面返回给 Web 服务器，Web 服务器再将 HTML 页面返回给客户端浏览器。

1.4　PHP Web 开发环境的搭建

开发环境的搭建，是软件开发的第一步。正如老子曰：千里之行，始于足下。

1.4 PHP Web 开发环境的搭建

搭建 PHP Web 开发环境的方法有很多，本书介绍一种最实用的：在 Windows 的 IIS 上部署 PHP Web 开发环境，这样的目的是在此服务器上既可以运行 PHP 程序，又可以运行.NET 的程序，而且在 Windows 下开发 PHP 程序并没有特别多的限制，方便实用。下面介绍在 Windows 10 专业版下安装配置 IIS+PHP+MySQL 的过程。就如古人云：磨刀不误砍柴工。

1.4.1　IIS 服务器的安装

Windows 10 专业版自带有 IIS，但默认情况下是没有安装的，需要手动安装，安装步骤如下。

1）打开"控制面板"→"程序和功能"→"启用或关闭 Windows 功能"，如图 1-9 所示。

2）选中"Internet Information Services 可承载的 Web 核心"，然后单击"Internet Information Services"左边的方框，选中 IIS 服务必要的功能，如图 1-10 所示。选完后，单击"确定"按钮，程序执行安装，完成后其窗口会自动关闭。

图 1-9　打开"启用或关闭 Windows 功能"

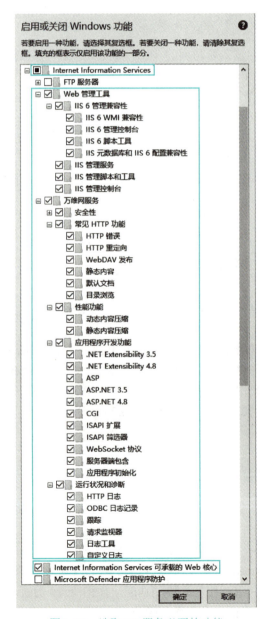

图 1-10　选取 IIS 服务必要的功能

3)打开浏览器,在地址栏输入"http://localhost",能看到如图 1-11 所示的页面内容,表示 IIS 安装成功了。

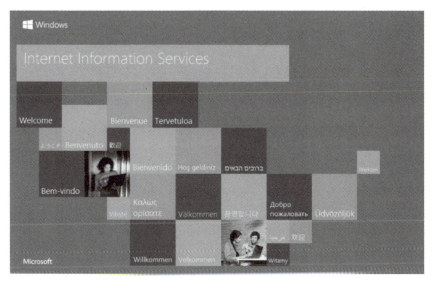

图 1-11　IIS 服务的测试页

1.4.2　PHP 引擎的部署

PHP 引擎是一种解释器,它将 PHP 代码转换为可执行的指令集,也就是 PHP 程序的编译和运行环境。

1. 下载 PHP8

下载并配置 PHP8 的过程如下。

1)到官网下载 PHP8,网址为 http://windows.php.net/download,选择适合自己系统的版本下载,这里选择"php-8.1.4-nts-Win32-vs16-x64.zip",解压缩到某一个目录下,如"C:\php8"。

2)打开此目录,复制文件"php.ini-development"并改名为"php.ini"。

3)打开"php.ini",修改如下几处。

- 将"error_reporting = E_ALL"改为"error_reporting = E_ALL & ~E_NOTICE";
- 将"include_path = ".;c:\php\includes""改为"include_path = ".;C:\php8; C:\php8\dev; C:\php8\ext; C:\php8\extras; C:\php8\lib"";
- 将"extension_dir = "ext""改为"extension_dir = " C:\php8\ext""。

2. 环境变量的配置

右击"此电脑",在弹出的菜单中单击"属性"选项,在弹出的界面中单击"高级系统设置"→"环境变量",在弹出的界面中找到"系统变量",增加系统变量 PHPRC="C:\php8";然后,再修改系统变量 Path,添加" C:\php8; C:\php8\dev; C:\php8\ext; C:\php8\extras; C:\php8\lib",依次单击"确定"按钮后退出,如图 1-12 所示。

图 1-12　配置环境变量

3．安装微软公司的 PHP 管理程序"PHP Manager"

PHP Manager 的下载地址为 https://www.iis.net/downloads/community/2018/05/php-manager-150-for-iis-10，选择适合自己的最新版本下载，这里选择"PHPManagerForIIS_V1.5.0.msi"，双击此下载文件进行安装，如图 1-13 所示。按提示进行操作即可完成安装。完成后在 IIS 里就有了一个 PHP Manager 程序。

图 1-13　安装微软公司的 PHP 管理程序

4．IIS 中 PHP 的配置

把 PHP 引擎 PHP8 部署到 IIS 中，IIS 作为 PHP 引擎的容器，或者称为服务器，步骤如下。

1)选择"控制面板"→"管理工具"→"Internet 信息服务(IIS)管理器",单击"PHP Manager",如图 1-14 所示。

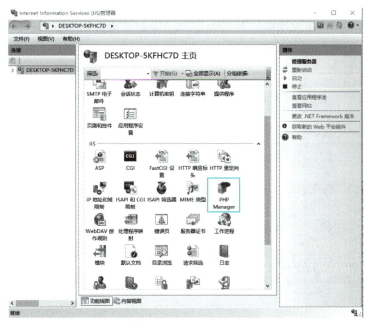

图 1-14　PHP Manager

2)单击"Register new PHP version",在弹出的对话框中选择"C:\php8\php-cgi.exe",如图 1-15 所示。然后单击"确定"按钮,配置程序自动运行,完成 PHP Manager 配置。

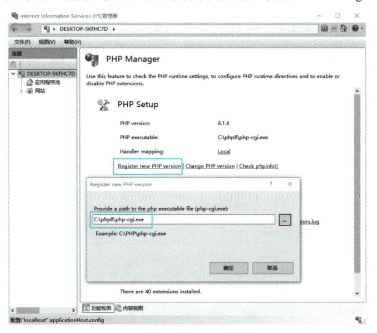

图 1-15　Register new PHP version

3)进行测试。在 IIS 的根目录下新建一个文件"index.php",用记事本打开后输入如下的内容:

```
<?php
    phpinfo();
?>
```

保存后打开浏览器，在地址栏输入"http://localhost"，可看到如图 1-16 所示的页面，表示 PHP8 安装成功。

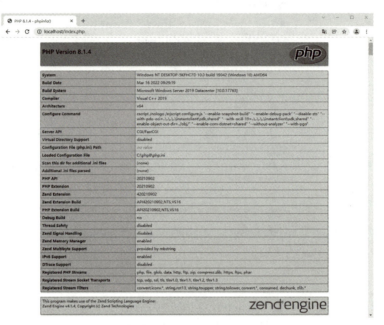

图 1-16　PHP8 测试页面

5．设置 Web 系统物理路径

新建 PHP Web 系统的程序存放地点，例如，目录 C:\PHP。打开"控制面板"→"管理工具"→"Internet Information Services（IIS）管理器"→"网站"→"Default Web Site"→"基本设置"，把"物理路径"改为"C:\PHP"，如图 1-17 所示。

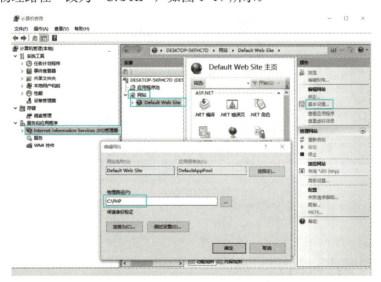

图 1-17　设置 Web 系统物理路径

6．下载 PHP 管理工具 phpMyAdmin

phpMyAdmin 是一个以 PHP 为基础，以 Web-Base 方式架构在网站主机上的 MySQL 数据库管理工具，让管理者可以用 Web 接口管理 MySQL 数据库。由此 Web 接口可以成为一个以简易方式输入繁杂 SQL 语法的较佳途径，尤其使大量资料的汇入及汇出更为方便。

1）打开下载地址 http://www.phpmyadmin.net，单击页面上的"Download 5.1.3"即可下载，得到压缩包"phpMyAdmin-5.1.3-all-languages.zip"，解压缩到 IIS 的根目录（C:\inetpub\wwwroot）下并把文件夹"phpMyAdmin-5.1.3-all-languages"改名为"phpMyAdmin"。打开此文件将文件"config.sample.inc.php"复制后改名为"config.inc.php"，然后用写字板打开文件，将"$cfg['blowfish_secret']"值设置为任意一个字符串，如图 1-18 所示。

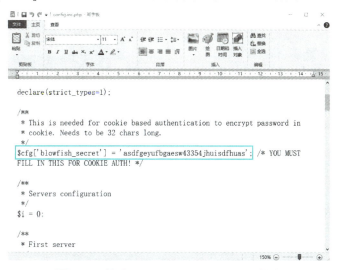

图 1-18　修改"$cfg['blowfish_secret']"的值

2）把 phpMyAdmin 文件夹再复制到目录 C:\PHP 下面。在浏览器地址栏中输入"http://localhost/phpMyAdmin"，按<Enter>键，出现登录页面，在用户名中输入"root"，在密码中输入 MySQL 密码，如图 1-19 所示。

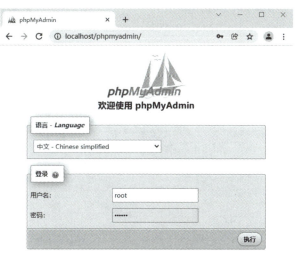

图 1-19　phpMyAdmin 的登录页面

3）单击"执行"按钮，即可进入数据库管理首页，如图 1-20 所示。

图 1-20　进入数据库管理首页

1.4.3　MySQL 数据库的安装

安装 MySQL8 之前，先要安装好最新版本的 Microsoft .NET Framework 和 Visual C++ Redistributable。

1. 安装最新版本 Microsoft .NET Framework

访问网站 https://dotnet.microsoft.com/en-us/download/dotnet-framework，找到最新版本，单击"下载"按钮，跳过推荐的下载程序，就能成功开始下载 dotNetFx40_Full_x86_x64.exe，双击开始安装，如图 1-21 所示，按提示进行操作即可完成安装。

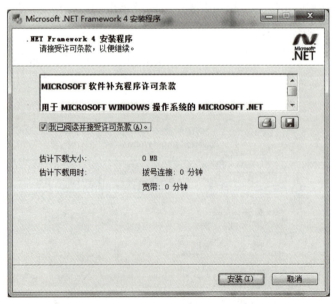

图 1-21　Microsoft .NET Framework 4 的安装

2. 安装最新版本 Visual C++ Redistributable

最新的 VC 运行库（Visual C++ Redistributable 2022）是 MySQL8 能够正常运行的必要条件，而正常情况下 Windows 10 不会默认安装，所以得先下载安装。VC2022 运行库的下载地址为 https://docs.microsoft.com/zh-CN/cpp/windows/latest-supported-vc-redist?view=msvc-170，单击"下载"按钮，选择适合自己的版本（这里选择 64 位的版本 VC_redist.x64.exe），下载完成后进行安装，如图 1-22 所示，按提示进行操作即可完成安装。

图 1-22　安装 VC2022 运行库

3. 安装最新版本 MySQL8

MySQL8 可到其官网上免费下载，地址为 https://dev.mysql.com/downloads/mysql/8.0.html。下载适合自己系统的版本，这里选择 mysql-installer-community-8.0.27.1.msi，大小为 470.2MB，下载时需要登录网站，若没有账户，可用有效电子邮件注册一个。

1）双击文件"mysql-installer-community-8.0.27.1.msi"，开始安装 MySQL8。然后单击"Next"按钮，选择"Custom"表示定制安装，如图 1-23 所示。

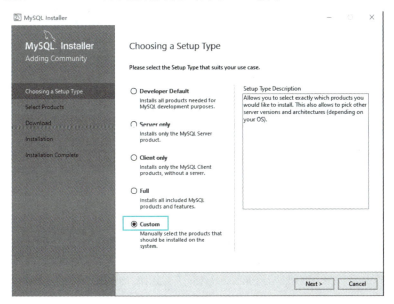

图 1-23　选择 Custom 定制安装方式

2）单击"Next"按钮，把左边的"MySQL Servers"展开，选中"MySQL Server 8.0.27 - X64"，安装所需的组件，单击向右的箭头，如图 1-24 所示。

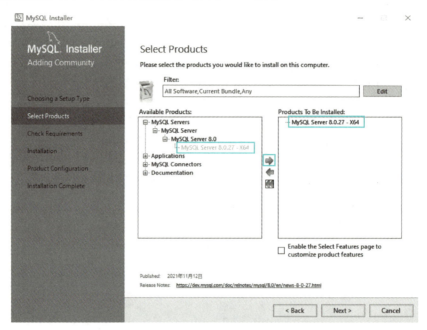

图 1-24　选中安装所需的组件

3）单击"Next"按钮，然后再单击"Next"按钮，在"Type and Networking"中选择"Server Computer"，如图 1-25 所示。

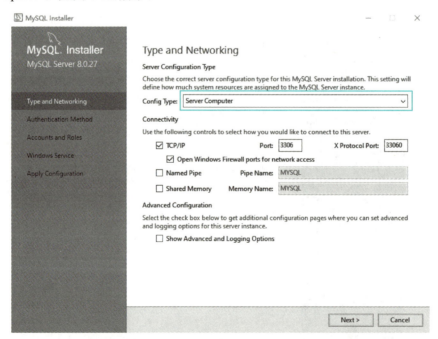

图 1-25　在"Type and Networking"中选择"Server Computer"

4）单击"Next"按钮，输入数据库的超级用户密码（一定要牢记密码），如图 1-26 所示。

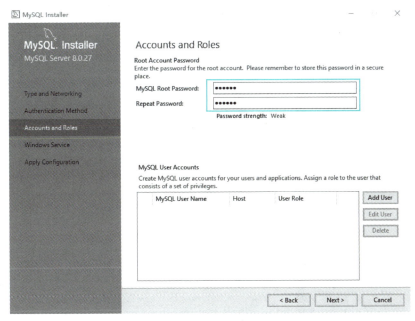

图 1-26　设置 MySQL 的登录密码

5）单击"Next"按钮，进入"Windows Service"配置页面，安装为 Windows 服务，然后再单击"Next"按钮，如图 1-27 所示。

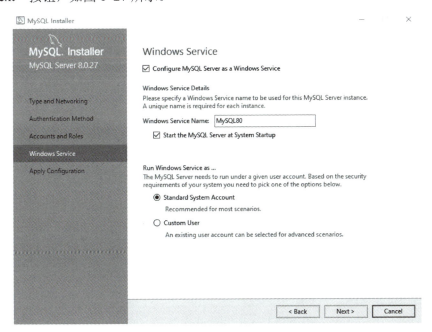

图 1-27　"Windows Service"配置页面

6）单击"Next"按钮，然后再单击"Execute"按钮开始执行配置程序，如图 1-28 所示。

7）单击"Finish"按钮完成安装，MySQL8 安装成功。

8）配置 MySQL。进入目录"C:\ProgramData\MySQL\MySQL Server 8.0"，将文件"my.ini"用记事本打开，将# basedir="C:/Program Files/MySQL/MySQL Server 8.0/"前面的"#"删除，最后保存该文件。

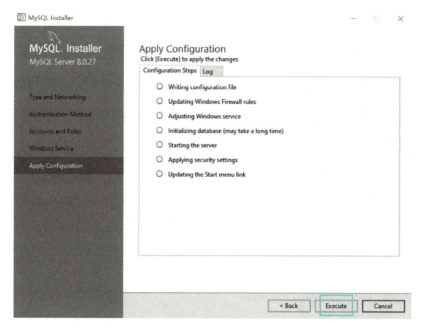

图1-28　MySQL8配置完成

9）设置Windows系统环境变量。右击"我的电脑"，在弹出的菜单中选择"属性"→"高级系统设置"→"环境变量"→"系统变量"，新建添加"C:\Program Files\MySQL\MySQL Server 8.0\bin"，依次单击"确定"按钮后退出，如图1-29所示。

图1-29　配置系统环境变量

在安装和配置 MySQL 时，一定要根据步骤去操作，有时一步错误就可能导致后面全部错误。

至此，IIS+MySQL8+PHP8 全部安装配置完成。

与上述手动安装和搭建 PHP Web 开发环境的方式相比，使用第三方集成包的方式可以一步到位，省去了烦琐的下载、安装和配置的步骤。只需要下载集成了 PHP 环境的软件包，即可拥有开发 PHP 所需的一切环境，如 Web 服务器、数据库、解释器、扩展库等。目前比较流行的集成了 PHP 环境的软件包有 WampServer 和 phpStudy。

1.4.4 在开发工具中创建站点

工欲善其事，必先利其器。一个好的编辑工具，能够极大地提高程序的开发效率，常用的 PHP 编辑工具有 Adobe Dreamweaver CS6、Zend Studio、PHPEd、EditPlus 等。本书推荐使用 Adobe Dreamweaver CS6 作为 HTML、PHP 代码的编辑工具。

1. 安装 Adobe Dreamweaver CS6

Adobe Dreamweaver CS6 是软件厂商 Adobe 推出的一套拥有可视化编辑界面，用于制作并编辑网站和移动应用程序的网页设计软件。由于它支持代码、拆分、设计、实时视图等多种方式来创作、编写和修改网页（通常是标准通用标记语言下的一个应用 HTML），初级人员无需编写任何代码就能快速创建 Web 页面。

安装 Adobe Dreamweaver CS6 软件，如图 1-30 所示。

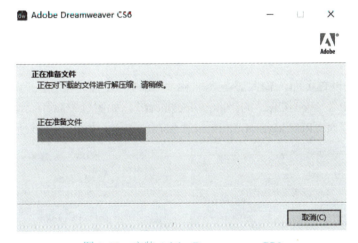

图 1-30　安装 Adobe Dreamweaver CS6

2. 在 Adobe Dreamweaver CS6 中创建站点

下面以 Adobe Dreamweaver CS6 为例，介绍在 Dreamweaver 中创建站点的基本操作。

1）启动 Dreamweaver 后，选择"站点"→"新建站点"菜单，打开"站点设置对象 Web"对话框，如图 1-31 所示。输入站点名称"Web"，设置"本地站点文件夹"为前面创建的"C:\PHP\"文件夹。

2）在左侧列表中单击"服务器"选项，对话框右侧会显示服务器相关信息。单击"添加新服务器"按钮，如图 1-32 所示。

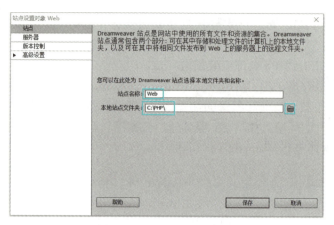

图 1-31　设置站点信息

图 1-32　"服务器"选项

3）打开服务器设置页面，输入服务器名称"Web"，设置连接方法为"本地/网络"，服务器文件夹为"C:\PHP"，Web URL 为"http://localhost/"，如图 1-33a 所示。打开"高级"选项卡，设置服务器模型为"PHP MySQL"，单击"保存"按钮，如图 1-33b 所示。

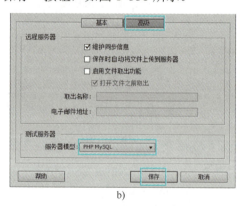

a)　　　　　　　　　　　　　　　　b)

图 1-33　设置服务器基本信息

a）设置基本选项卡　b）设置高级选项卡

4）回到"站点设置对象 Web"对话框，可以看到已经添加的服务器。勾选"远程""测试"按钮，之后单击"保存"按钮，成功创建站点，如图 1-34 所示。

图 1-34　成功添加服务器

5）完成站点的创建后，在 Dreamweaver 中打开 C:\PHP\index.php 文件，单击"在浏览器中预览/调试"图标，选择"预览在 chrome"，如图 1-35 所示，便可以看到 index.php 文件的运行结果，如图 1-36 所示。

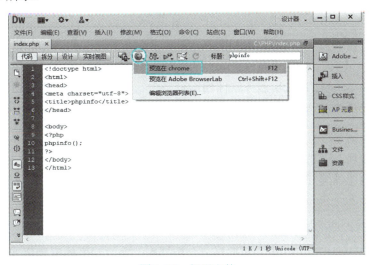

图 1-35　打开文件

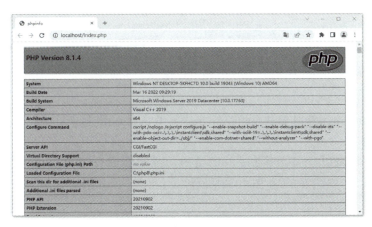

图 1-36　文件运行结果

1.5 PHP Web 开发环境的安全部署

没有信息化就没有现代化，没有网络安全就没有国家安全。网络安全已经上升到了国家安全的层面。作为网络应用程序安全开发的课程，除了注重编程安全、服务器安全和操作系统安全，更应该提高网络安全认识，树立正确的国家安全观。

1.5 PHP Web 开发环境的安全部署

下面将从 Windows 操作系统、IIS 服务器、PHP 引擎，以及 MySQL 数据库四个方面来部署 PHP Web 开发环境的安全。

1. Windows 操作系统的安全

要创建一个安全可靠的 Web 服务器，首先必须要实现 Windows 操作系统和 IIS 的双重安全，因为 IIS 的用户同时也是操作系统的用户，所以保护 IIS 安全的第一步就是确保 Windows 操作系统的安全。实际上，Web 服务器安全的根本就是保障操作系统的安全。

2. IIS 服务器的安全

Windows IIS 由于具有方便性和易用性，所以成为最受欢迎的 Web 服务器软件之一。但是，IIS 从诞生起，其安全性就一直受到人们的质疑，原因在于其经常被发现有新的安全漏洞。虽然 IIS 的安全性与其他的 Web 服务软件相比有差距，不过，只要精心对 IIS 进行安全配置，仍然能建立一个安全的 Web 服务器。

3. PHP 引擎的安全

PHP 引擎自身所具备的安全能力，以及第三方所提供的安全能力，也是 PHP Web 必须考虑的安全问题。正确地部署 PHP 自身的安全，可以有效避免很多高危漏洞，从而提升 PHP Web 项目的安全性。

4. MySQL 数据库的安全

每一个优秀的 Web 应用程序后面都有一个数据库，而数据库的安全部署是 Web 项目的安全基石。

1.5.1 Windows 操作系统的安全部署

IIS Web 服务器的安全性在底层主要依赖 Windows 环境的安全。

1. 更新操作系统

Windows 环境安全主要是确认是否已经安装了 Windows 的最新补丁。下面将介绍如何安装 Windows 的最新补丁。

1）打开"控制面板"→"系统"→"更改产品密钥或升级 Windows"→"Windows 更新"→"检查更新"，如图 1-37 和图 1-38 所示。

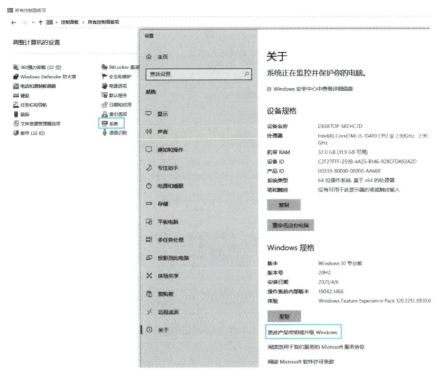

图 1-37　更改产品密钥或升级

图 1-38　检查更新

2）下载并安装更新，如图 1-39 所示。

图 1-39　下载并安装更新

3）安装完成，重新启动计算机，如图 1-40 所示，Windows 系统更新完成。

图 1-40　重新启动计算机

2．配置审核策略及日志

Windows 的审核策略可以帮助管理员识别系统中的安全漏洞和攻击行为，从而及时采取措施保护系统的安全。配置审核策略及日志的步骤如下。

1）依次进入"控制面板"→"管理工具"→"本地安全策略"。

2）展开"本地策略"→"审核策略"→"审核登录事件"→将其值改为 "成功，失败"，"审核策略更改"→将其值改为"成功，失败"，如图1-41所示。

图 1-41　配置审核策略

3）依次进入"控制面板"→"管理工具"→"事件查看器"→"Windows 日志"，右击"安全"选项，在弹出的快捷菜单中选择"筛选当前日志"，将"事件来源"改为"LSA (LSA)"，如图 1-42 所示。

图 1-42　配置日志安全

3．配置交互式登录

交互式登录可以让每个用户用自己的用户名和密码来登录同一个 Windows 系统，这样更安全。配置交互式登录的步骤如下。

1)依次进入"控制面板"→"管理工具"→"本地安全策略"→"本地策略"→"安全选项",在右边的窗口里面双击"交互式登录:不显示上次登录"选项,如图 1-43 所示。将其设置为"已启用"状态,单击"确定"按钮使其生效,如图 1-44 所示。

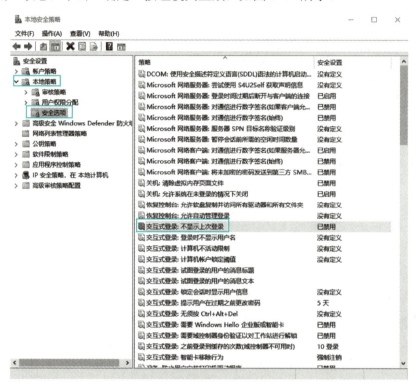

图 1-43 找到"交互式登录"选项

图 1-44 设置"不显示上次登录"为"已启用"状态

2)依次进入"控制面板"→"管理工具"→"本地安全策略"→"本地策略"→"安全选项",在右边的窗口里面双击"交互式登录:登录时不显示用户名"选项,如图 1-45 所示。将其设置为"已启用"状态,单击"确定"按钮使其生效,如图 1-46 所示。

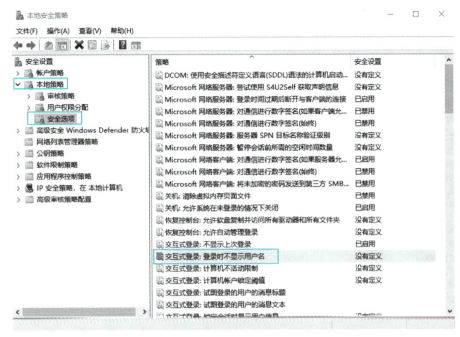

图 1-45　找到"登录时不显示用户名"选项

图 1-46　设置"登录时不显示用户名"为"已启用"状态

1.5.2　IIS 服务器的安全部署

IIS 服务器的安全部署主要涉及创建人员账户、添加授权规则、配置访问权限、设置 IIS 日志格式四个方面。

1. 创建人员账户

按照用户分配账户，避免不同用户间共享账户。

1）针对不同的维护人员来创建账户：进入"控制面板"→"管理工具"→"计算机管理"→"系统工具"→"本地用户和组"，右击"用户"→"新用户"创建新用户，如图 1-47 所示。

图 1-47　针对不同维护人员来创建账户

2）创建 IIS 自身操作用户 IISOUser，如图 1-48 所示。

图 1-48　创建 IIS 自身操作用户 IISOUser

3）创建 IIS 发布应用访问用户 IISPUser，如图 1-49 所示。

图 1-49　创建 IIS 发布应用访问用户 IISPUser

2．添加授权规则

为所创建账户设置权限，并添加授权规则，步骤如下。

1）依次选择"Internet Information Services（IIS）管理器"→"网站"→"Default Web Site"→"授权规则"，如图 1-50 所示。

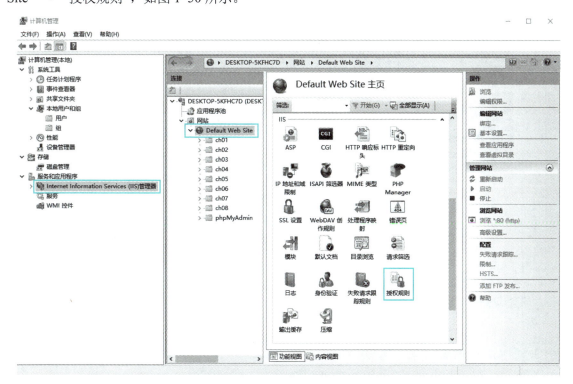

图 1-50　找到"授权规则"

2）为 IISOUser 账户添加允许授权规则，如图 1-51 所示。

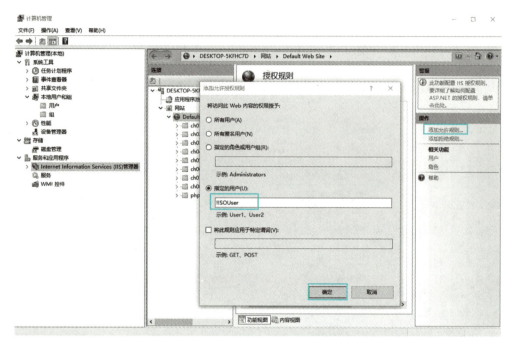

图 1-51　为 IISOUser 账户添加允许授权规则

3）为 IISPUser 账户添加允许授权规则，如图 1-52 所示。

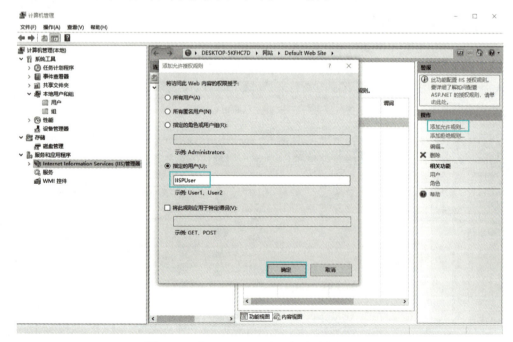

图 1-52　为 IISPUser 账户添加允许授权规则

3. 配置访问权限

设置 Web 站点访问权限，并为创建的账户添加 Web 站点访问权限，步骤如下。

1）右击"Internet Information Services（IIS）管理器"→"网站"→"Default Web Site"，在弹出的快捷菜单中右击"编辑权限"，如图 1-53 所示。

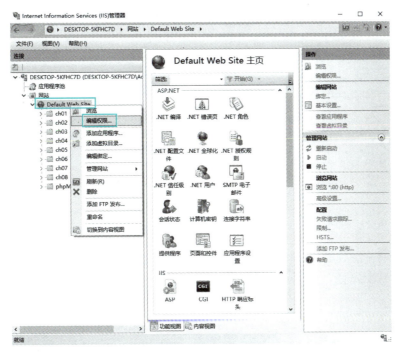

图 1-53 编辑权限

2)为 IISOUser 账户添加 Web 站点访问权限。在弹出的"PHP 属性"窗口中,单击"共享"选项卡,再单击"共享"按钮,在下拉列表中选择指定的访问账户 IIS Operation User,再单击"添加"按钮,最后单击"共享"按钮,如图 1-54 所示。

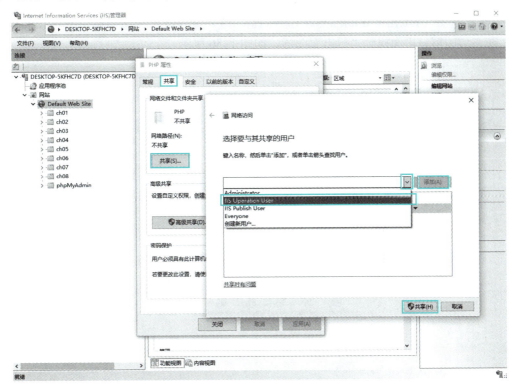

图 1-54 为 IISOUser 账户添加权限

3）同样的方法，也可以为 IISPUser 账户添加 Web 站点访问权限，如图 1-55 所示。

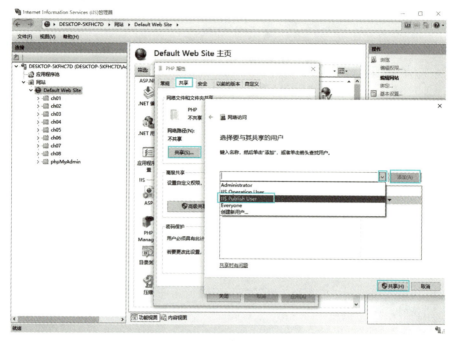

图 1-55 为 IISPUser 账户添加权限

4. 设置 IIS 日志格式

设置 IIS 日志格式，可以持续监视 IIS 服务器运行状况，步骤如下。

1）依次选择"Internet Information Services（IIS）管理器"→"网站"→"Default Web Site"，在右边的窗口里面找到"日志"图标，如图 1-56 所示。

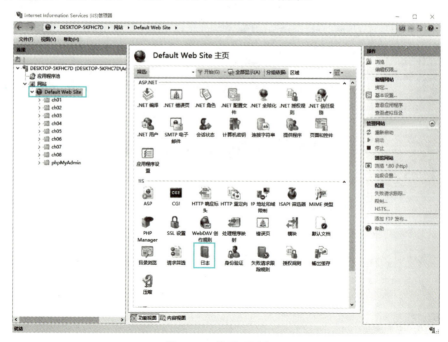

图 1-56 找到"日志"

2)双击"日志"图标,在弹出的窗口中找到日志文件的"格式"下拉列表,选择"IIS",最后单击右边的"应用"保存操作,如图 1-57 所示。

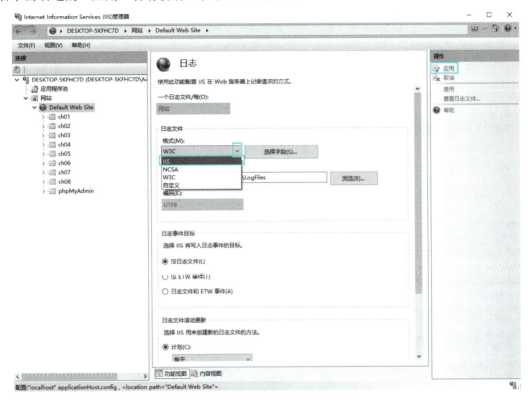

图 1-57 设置 IIS 日志格式

1.5.3 PHP 引擎的安全部署

PHP 环境部署完成后,通常还需要进行一些安全设置来避免很多安全问题。修改 PHP 配置,一般是修改 php.ini 文件(在 C:\php8 目录下)。打开该文件,修改对应的选项值,保存文件,然后重启 Web 运行环境,即可完成修改。下面来逐一进行 PHP 相关的安全配置。

1. 屏蔽 PHP 错误提示信息

PHP 的错误日志控制项可以控制 PHP 是否将脚本执行的 error、notice、warning 日志打印出来。错误提示信息可以帮助开发人员及时发现错误并进行修改,其中包含了很多服务器端的系统信息,但在 Web 系统实际应用中,将错误提示信息显示出来是非常危险的。虽然系统在没有漏洞的正常情况下不会出现错误提示信息,但攻击者可以通过提交非法的参数,诱导服务器进行报错,这样将把服务器端的 WebServer、数据库、PHP 代码的部署路径,甚至数据库连接、数据表等关键信息暴露出去。通过对错误提示信息进行收集和整理,攻击者可以掌握服务器的配置,从而更为便利地实施攻击。

在 C:\php8 目录下,打开 php.ini 文件,修改 "display_errors = On" 为 "display_errors = Off"。

```
display_errors = Off
```

在 Web 系统实际应用中,display_errors 一般要设置为 Off,以防止暴露错误提示信息给用户；但在项目开发阶段，可以设置为 On，以方便开发者调试。

2. 防止 PHP 版本号暴露

在默认配置情况下，PHP 版本号显示是开启状态，"expose_php = On"，默认将 PHP 的版本号等很多重要信息返回到 HTTP 请求的头部信息中，如图 1-58 所示。攻击者很容易捕获此信息。

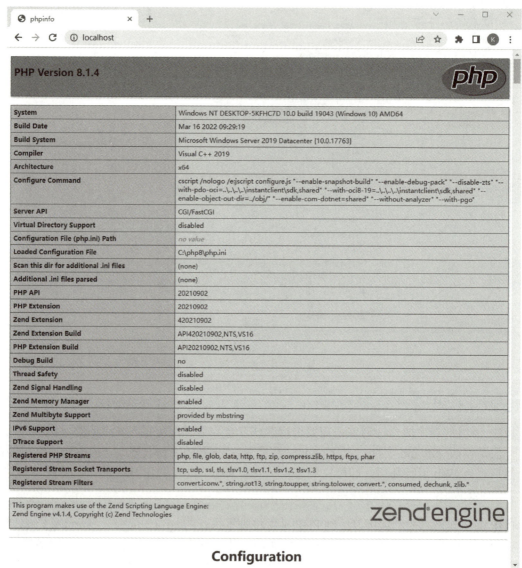

图 1-58　PHP 服务器的版本信息

因此，在 Web 系统实际应用中隐藏 PHP 版本号，将 expose_php 设置为 Off。

在 C:\php8 目录下，打开 php.ini 文件，修改 "expose_php = On" 为 "expose_php = Off"。

```
expose_php = Off
```

3. PHP 中的 COOKIE 安全

为了提高 PHP 中 COOKIE 的安全性，可以对 php.ini 配置文件做如下两种设置。

（1）开启 COOKIE 中的 HttpOnly

HttpOnly 可以让 COOKIE 在浏览器中不可见，开启 HttpOnly 可以防止脚本通过 document 对象获取 COOKIE。

在 C:\php8 目录下，打开 php.ini 配置文件，设置 "session.cookie_httponly = 1"。

```
session.cookie_httponly = 1
```

（2）开启 COOKIE 中的 Secure

如果 Web 传输协议使用的是 HTTPS，则应开启 session.cookie_secure 选项，当 Secure 属性设置为 true 时，COOKIE 只有在 HTTPS 下才能上传到服务器，而在 HTTP 下是没法上传的。防止 COOKIE 被窃取，需要修改 php.ini 配置文件，将 session.cookie_secure 的值设置为 1，开启 Secure。

在 C:\php8 目录下，打开 php.ini 文件，设置 "session.cookie_secure = 1"。

```
session.cookie_secure = 1
```

1.5.4　MySQL 数据库的安全部署

MySQL 数据库的安全部署主要涉及升级或安装最新版本 MySQL、删除默认的数据库用户、删除示例数据库三个方面。

1. 升级或安装最新版本 MySQL

首先，去 MySQL 官网上查看当前的最新版本，地址为 https://dev.mysql.com/downloads/mysql/，如图 1-59 所示。

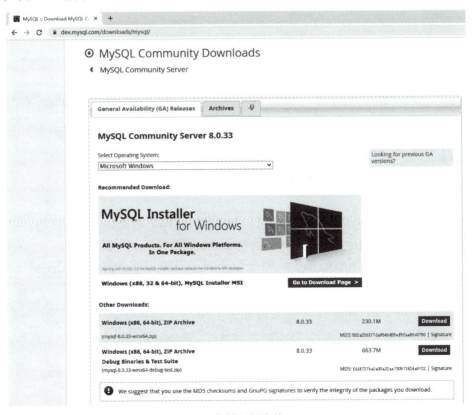

图 1-59　下载最新版本的 MySQL

然后，查看自己计算机上当前 MySQL 数据库的版本号，可以在 Windows 程序中查看，也可以通过命令提示符（mysql －u 用户名 －p 密码）查看。如果不是最新版本，那么需要安装最新版本。

2. 删除默认的数据库用户

安装 MySQL 时，将创建一些默认的数据库用户账户。账户中需要有管理员账户，但是根据服务器设置和使用数据库的目的不同，可能不需要任何其他的默认用户账户。如果账户对应用程序操作不是至关重要的，可以删除这些账户。额外的用户账户只是为黑客提供了更多的机会入侵数据库系统。

1）启动 MySQL 服务器。

可以从命令提示符手动启动 MySQL 服务器，可以在任何版本的 Windows 中实现。

具体操作是：右击"开始"菜单，在弹出快捷菜单中单击"运行"选项，在弹出的"运行"对话框中输入"cmd"，按<Enter>键进入 DOS 窗口。在命令提示符下输入"net start mysql80"，按<Enter>键即可启动 MySQL 服务器。

```
C:\>net start mysql80
```

2）连接 MySQL 服务器。

在启动 MySQL 服务器后，打开命令提示符窗口，在命令提示符下输入"mysql -u root -p"后按<Enter>键，显示提示信息"Enter password："，输入之前安装 MySQL 时设置的密码，按<Enter>键。

```
C:\>mysql -u root -p
```

3）删除不用的用户账户。

在命令提示符下输入如下命令：

```
mysql>DELETE FROM user WHERE NOT (host="localhost" and user = "root");
```

以上命令将删除所有默认用户（不包括管理员账户）。在这里，可以创建所需的用户账户。建议为每一个将使用 MySQL 的应用程序创建一个单独的用户账户。这样，如果一个账户被攻破，服务器上的其他应用程序也不会受影响。

3. 删除示例数据库

默认的 MySQL 安装通常都带有一些示例数据库。这些数据库是用于测试的，但是如果确认安装的 MySQL 能够正确运行，应该删除这些示例数据库，以免被黑客利用。

首先，要查看当前的所有数据库，打开命令提示符窗口，并在命令提示符下输入如下命令：

```
mysql> show databases;
```

然后，要删除示例数据库，打开命令提示符窗口，在命令提示符下输入如下命令：

```
mysql> drop database test;
```

这样，就安装了一个可以构建自己的应用程序的 MySQL，而且它具有一定的安全性。

1.6 开发第一个 PHP 程序来测试开发环境

PHP Web 服务器运行环境安装配置完成以后，接下来开始编写第一个 PHP 程序，用来测试和运行本项目的开发环境搭建情况。本书所有程序均使用 Adobe Dreamweaver CS6 开发工具进行编写。

【实例 1-1】 编写一个简单的 PHP 程序，输出一条文本信息"Hello, World!"，测试开发环境是否成功搭建。

【实现步骤】

1）启动 Adobe Dreamweaver CS6，选择"文件/新建"菜单，打开"新建文档"对话框，在"空白页"列表框中选择"PHP"选项，文档类型选择"HTML5"，然后单击"创建"按钮，如图 1-60 所示。

图 1-60 "新建文档"对话框

2）在新建页面的"代码"视图中的<body></body>标签对中间开始编写 PHP 代码，如图 1-61 所示。

3）检查代码后，将文件保存到"C:\PHP\ch01\code0101.php"中，然后在浏览器的地址栏中输入 http://localhost/ch01/code0101.php，按<Enter>键即可浏览页面运行结果，如图 1-62 所示。

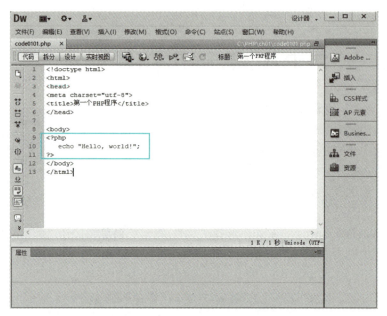

图 1-61　编写 PHP 代码

图 1-62　程序运行结果

"<?php" 和 "?>" 是 PHP 的标记符，表示在 HTML 文档中嵌入 PHP 代码；echo 语句是用于输出的语句，可将紧跟其后的字符串、变量、常量的值显示在页面中。程序运行成功，说明本项目的开发环境已经成功搭建。

> 说明：要在浏览器中测试此示例，需要将 PHP 文件上传到 Web 服务器，并通过浏览器访问该文件。本教材所有案例的 Web 服务器文件目录，已经映射到物理路径 "C:\PHP"。

本章实训

1. 阐述 C/S 架构与 B/S 架构的区别，以及 B/S 架构的优势。
2. 阐述静态网页与动态网页的区别。
3. 用示意图画出 PHP 动态网站的工作过程。
4. 在自己的计算机上搭建 PHP Web 开发环境，安装配置 IIS+MySQL8+PHP8。
5. 在自己的计算机上安装 Adobe Dreamweaver CS6，并创建站点。
6. 在自己的计算机上完成 PHP Web 开发环境的安全部署。
7. 编写一个简单的 PHP 程序，输出自己的学号、姓名、班级等信息。

第 2 章　Web 前端开发与安全防护

本章导读

在学习 PHP Web 应用系统开发之前，需要掌握 HTML、CSS、JavaScript 的开发，即前端开发。前端开发为 Web 应用系统提供与用户交互的界面，可以收集用户输入信息，向用户展示 Web 应用系统的各种业务功能等。

学习目标

- 掌握 HTML 超文本标记语言的语法和常用标记。
- 掌握 CSS 的概念和基本用法。
- 掌握 JavaScript 客户端脚本语言的用法。
- 掌握跨站脚本攻击与防御技术。

素养目标

培养精益求精、科学严谨、追求卓越的工匠精神。

2.1 使用 HTML 定义网页内容

网页文件本身是一种文本文件，通过在文本文件中添加 HTML 标记符，可以告诉浏览器如何显示其中的内容，如文字如何处理、画面如何安排、图片如何显示等。

2.1.1 HTML 概述

HTML 即超文本标记语言，不是一种编程语言，而是一种标记语言（Markup Language），或者叫"排版语言"，是用一套标记标签（Markup Tag）来描述网页的一种语言。HTML 文件以".htm"或".html"为扩展名。

2.1.1
HTML 概述

浏览器按顺序阅读网页文件，然后根据标记符解释和显示其标记的内容，对书写出错的标记将不指出其错误，且不停止其解释执行过程，编制者只能通过显示效果来分析出错原因和出错部位。

HTML 从 1993 年诞生以来，不断地发展与完善。从 HTML 2.0、HTML 3.2、HTML 4.0、HTML 4.01，直到最新的 HTML 5.0，其功能越来越强大，表现越来越完美。

【实例 2-1】　在页面上输出"深爱人才，圳等你来!"。

【实现步骤】

1）启动 Adobe Dreamweaver CS6，新建 HTML5 空白页面，输入以下代码：

2.1
【实例 2-1】
【实例 2-2】
【实例 2-3】
【实例 2-4】

```
<!doctype html>
<html>
```

```
<head>
<meta charset="utf-8">
<title>深圳欢迎您！</title>
</head>
<body>
<p>深爱人才，圳等你来!</p>
</body>
</html>
```

2）检查代码后，将文件保存到"C:\PHP\ch02\code0201.html"中，在浏览器的地址栏中输入 http://localhost/ch02/code0201.html，按<Enter>键即可浏览页面运行结果，如图 2-1 所示。

图 2-1　第一个 HTML 网页

2.1.2　用标签规定元素属性和位置

HTML 用标签来规定元素的属性和它在文档中的位置。

1．文档标签

2.1.2
用标签规定元素属性和位置

HTML 的主要语法是元素和标签。HTML 元素指的是从开始标签（start tag）到结束标签（end tag）的所有代码，是符合 DTD（文档类型定义）的文档组成部分，如 title（文档标题）、IMG（图像）、table（表格）等。元素名不区分大小写。HTML 用标签来规定元素的属性和它在文档中的位置。标签分单独出现的标签和成对出现的标签两种。大多数的标签是成对出现的，由首标签和尾标签组成。首标签的格式为<元素名>，尾标签的格式为</元素名>。成对标签用于规定元素所含的范围，如<title>和</title>标签用来界定标题元素的范围，也就是说<title>与</title>之间的部分是该 HTML 文档的标题。单独标签的格式为<元素名>，它的作用是在相应的位置插入元素，如
标签表示在该标签所在位置插入一个换行符。

（1）<html>标签

<html>标签是文档标识符，它是成对出现的，首标签<html>和尾标签</html>分别位于文档的最前面和最后面，明确地表示文档是以超文本标识语言编写的。该标签不带有任何属性。

（2）<head>标签

把 HTML 文档分为文档头和文档主体两个部分。文档主体部分就是在浏览器用户区中看到的内容。而文档头部分用来规定该文档的标题（出现在浏览器窗口的标题栏中）和文档的一些属性。HTML 文档的标签是可以嵌套的，即在一对标签中可以嵌套另一对子标签。用来规定母标签所含范围的属性和其中某一部分内容，嵌套在<head>标签中使用的子标签主要有<title>、<meta>、<link>和<style>。

- <title>标签是成对的，用来规定 HTML 文档的标题。
- <meta>元素可提供有关页面的元信息，其属性定义了与文档相关联的名称/值对，如其 charset 属性可定义文档的字符集<meta charset="utf-8">。

- <link>标签定义两个连接文档之间的关系，只能存在于 head 部分，不过它可出现任意次数。
- <style>标签定义 HTML 文档的样式信息，规定 HTML 元素如何在浏览器中呈现。它有三种重要的属性。
  - 属性 type，其值为"text/css"，定义内容类型。
  - 属性 media，其值为 screen、tty、tv、projection、handheld、print、braille、aural、all 中的一个，表示样式信息的目标媒介。
  - 属性 scoped，其值为"scoped"，是 HTML5 中的新属性，表示所规定的样式只能应用到 style 元素的父元素及其子元素。

（3）<body>标签

<body>标签是成对标签。在<body></body>之间的内容将显示在浏览器窗口的用户区内，它是 HTML 文档的主体部分。在<body>标签中可以规定整个文档的一些基本属性，见表 2-1。

表 2-1　<body>标签的基本属性

属性	描述
bgcolor	指定 html 文档的背景色
text	指定 html 文档中文字的颜色
link	指定 html 文档中待连接超链接对象的颜色
alink	指定 html 文档中连接中超链接对象的颜色
vlink	指定 html 文档中已连接超链接对象的颜色
background	指定 html 文档的背景文件

（4）文档类型<!DOCTYPE>标签

<!DOCTYPE>声明必须位于 HTML5 文档中的第一行，也就是位于<html>标签之前。该标签告知浏览器文档所使用的 HTML 规范。doctype 声明不属于 HTML 标签，它是一条指令，告诉浏览器编写页面所用的标记版本。在所有 HTML 文档中规定 doctype 是非常重要的，这样浏览器就能了解预期的文档类型。

（5）注释标签<!--...-->

注释标签<!--...-->用于在源代码中插入注释。注释不会显示在浏览器中。

2．布局标签

HTML 页面主要用以下标签来进行布局，见表 2-2。

表 2-2　常用的布局标签

标签	描述
<div>	定义 HTML 文档中的分隔（division）或部分（section）
<span>	定义行内元素
<header>	定义网页或文章的头部区域
<footer>	定义网页或文章的尾部区域，可包含版权、备案等内容
<section>	通常标注为网页中的一个独立区域
<details>	定义周围主内容之外的内容块，如注解
<summary>	定义<details>元素可见的标题
<nav>	标注页面导航链接。包含多个超链接的区域

3. 格式标签

HTML 页面中关于文本格式的标签，常见如下三种。

（1）文章标签

HTML 页面常用的文章标签见表 2-3。

表 2-3　常用的文章标签

标签	描述
<h1>-<h6>	定义标题。在 HTML5 中，<h1>-<h6>元素的"align"属性不被支持
<p>	定义段落。在 HTML5 中，其"align"属性不被支持
 	插入简单的换行符，它没有结束标签
<hr />	定义内容中的主题变化，并显示为一条水平线
<pre>	定义预格式化的文本
<address>	定义文档作者或拥有者的联系信息
<time>	定义日期或时间。其属性"datetime"，定义元素的日期和时间

（2）短语元素标签

HTML 页面常用的短语元素标签见表 2-4。

表 2-4　常用的短语元素标签

标签	描述
<em>	定义被强调的文本
<strong>	定义重要的文本
<dfn>	定义一个项目
<code>	定义计算机代码文本
<samp>	定义样本文本
<sup>	定义上标文本
<sub>	定义下标文本

（3）字体样式标签

在 HTML 页面中可以对文字的样式进行修饰，常用的字体样式标签见表 2-5。

表 2-5　常用的字体样式标签

标签	描述
<i>	定义文本的不同部分，并把这部分文本呈现为斜体文本
<b>	定义文本中的部分比其余的部分更重要，并呈现为粗体
<big>	呈现大号字体效果
<small>	呈现小号字体效果
<mark>	定义需要突出显示的使用记号的文本

4. 列表标签

在 HTML 页面中，列表主要分为两种类型，一种是有序列表，另一种是无序列表。前者用数字或字母来标记项目的顺序，后者则使用符号来记录项目的顺序。常用的列表标签如下。

（1）<ul>

定义无序列表。可使用 CSS 来定义列表的类型。

（2）<ol>

定义有序列表。有序列表可以是数字或字母顺序。可使用<li>标签来定义列表项，使用 CSS 来设置列表的样式。其属性"start"规定有序列表的起始值；属性"reversed"规定列表顺序为降序；属性"type"的值为"1""A""a""I"或"i"，规定在列表中使用的标记类型。

（3）<li>

定义列表项，有序列表和无序列表中都使用<li>标签。

【实例 2-2】 创建一个包含多种标记类型的有序列表。

【实现步骤】

1）启动 Adobe Dreamweaver CS6，新建 HTML5 空白页面，输入以下代码：

```
<!doctype html>
<html>
<head>
<meta charset="utf-8">
<title>建立有序列表</title>
</head>
<body>
<h4>数字列表：</h4>
<ol>
<li>苹果</li>
<li>香蕉</li>
<li>柠檬</li>
<li>桔子</li>
</ol>
<h4>字母列表：</h4>
<ol type="A">
<li>苹果</li>
<li>香蕉</li>
<li>柠檬</li>
<li>桔子</li>
</ol>
<h4>小写字母列表：</h4>
<ol type="a">
<li>苹果</li>
<li>香蕉</li>
<li>柠檬</li>
<li>桔子</li>
</ol>
<h4>罗马字母列表：</h4>
<ol type="I">
<li>苹果</li>
<li>香蕉</li>
<li>柠檬</li>
<li>桔子</li>
```

```
</ol>
<h4>小写罗马字母列表：</h4>
<ol type="i">
<li>苹果</li>
<li>香蕉</li>
<li>柠檬</li>
<li>桔子</li>
</ol>
</body>
</html>
```

2）检查代码后，将文件保存到"C:\PHP\ch02\code0202.html"中，在浏览器的地址栏中输入 http://localhost/ch02/code0202.html，按<Enter>键即可浏览页面运行结果，如图2-2所示。

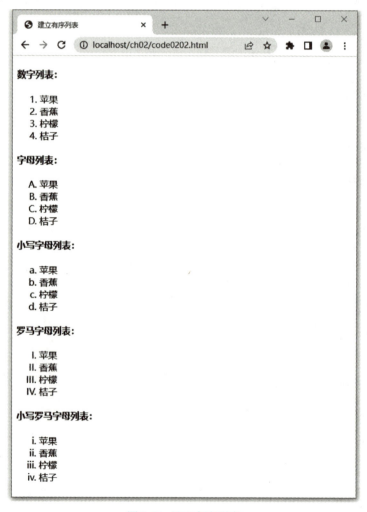

图2-2 显示有序列表

5．图像标签

<img>定义图像，注意加上"alt"属性。比如：

```
<img src="smile.gif" alt="微笑" />
```

6. 超链接标签

<a>定义超链接,用于从一个页面链接到另一个页面,它最重要的属性是"href"属性,它指定链接的目标。

```
<a href = "http://www.sziit.edu.cn/" onclick="_addDynClicks(&#34;wbimage&#34;,
1877551418, 64121)" target="_blank">学校主页</a>
```

属性"target",其值为"_blank""_parent""_self"或"_top",表示在何处打开目标URL,它仅在"href"属性存在时使用。

在所有浏览器中,链接的默认外观是:未被访问的链接带有下画线而且是蓝色的,已被访问的链接带有下画线而且是紫色的,活动链接带有下画线而且是红色的。

7. 表格标签

在 HTML 页面中,大多数页面都是使用表格进行排版的。使用表格可以把文字和图片等内容按照行和列排列起来,使得整个网页更加清晰和条理化,有利于信息的表达。表格通过表 2-6 所示标签来实现。

表 2-6 常用表格标签

标签	描述
<table>	定义表格。在 HTML5 中,不支持<table>标签的任何属性
<thead>	定义表格的表头
<caption>	定义表格标题。<caption>标签必须紧随<table>标签之后
<th>	定义表格的表头单元格。元素内的文本通常会呈现为粗体 属性"colspan"规定此单元格可横跨的列数;属性"rowspan"规定此单元格可横跨的行数
<tr>	定义表格中的行
<td>	定义表格中的一个单元格

【实例 2-3】 创建一个跨行或跨列的表格单元格。

【实现步骤】

1)启动 Adobe Dreamweaver CS6,新建 HTML5 空白页面,输入以下代码:

```
<!doctype html>
<html>
<head>
<meta charset="utf-8">
<title>跨行或跨列的表格单元格</title>
</head>

<body>
<h4>横跨两列的单元格:</h4>
<table border="1">
<tr>
<th>姓名</th>
<th colspan="2">电话</th>
</tr>
<tr>
<td>张三</td>
```

```
<td>075512345678</td>
<td>13611111111</td>
</tr>
</table>

<h4>横跨两行的单元格:</h4>
<table border="1">
<tr>
<th>姓名</th>
<td>张三</td>
</tr>
<tr>
<th rowspan="2">电话</th>
<td>075512345678</td>
</tr>
<tr>
<td>13611111111</td>
</tr>
</table>
</body>
</html>
```

2)检查代码后,将文件保存到"C:\PHP\ch02\code0203.html"中,在浏览器的地址栏中输入 http://localhost/ch02/code0203.html,按<Enter>键即可浏览页面运行结果,如图 2-3 所示。

图 2-3　跨行或跨列的表格单元格

2.1.3　用表单收集用户输入信息

表单是 HTML 页面中实现交互的重要手段,利用表单可以收集客户端提交的不同类型的用户输入信息,包括文本域、下拉列表、单选框、复选框等。一个表单至少包括说明性文字、表单控件、提交和

2.1.3
用表单收集用
户输入信息

重置按钮等内容。

<form>标签用于创建供用户输入的 HTML 表单，<form>标签的属性见表 2-7。

表 2-7 <form>标签的属性

属性	描述
accept-charset	规定在被提交表单中使用的字符集（默认：页面字符集）
action	规定提交表单的地址（URL）（提交页面）
autocomplete	规定浏览器应该自动完成表单（默认：开启）
enctype	规定被提交数据的编码（默认：url-encoded）
method	规定在提交表单时所用的 HTTP 方法（默认：GET）
name	规定识别表单的名称（对于 DOM 使用：document.forms.name）
novalidate	规定浏览器不验证表单
target	规定 action 属性中地址的目标（默认：_self）

表单<form>标签需要跟各种元素搭配来共同完成用户输入信息的收集，以下是表单的各种常见元素。

1. <input>元素

最重要的表单元素是<input>元素。如下 HTML 代码定义了供文本输入的单行输入字段：

```
<form>
 First name:<input type="text" name="firstname"><br>
 Last name:<input type="text" name="lastname">
</form>
```

以上 HTML 代码在浏览器中显示如图 2-4 所示。

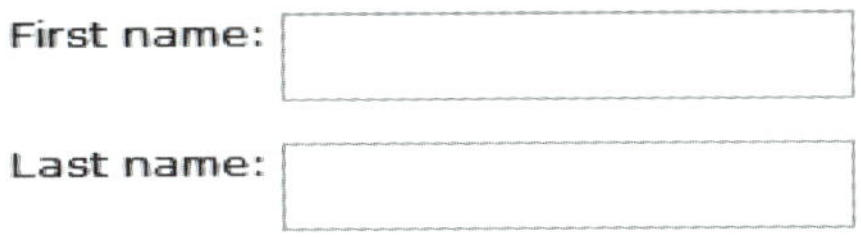

图 2-4 <input>元素

<input>是表单中最常用的标签之一，该标签中有 Type 和 Name 两个属性，分别代表了输入域的类型和名称。<input>元素根据不同的 type 属性，可以变化为多种形态。在 Type 属性中，包含的属性值见表 2-8。

表 2-8 <input>元素的 Type 属性值

Type 属性	描述
button	定义可单击的按钮
checkbox	定义复选框
date	定义日期字段（带有 calendar 控件）
datetime	定义日期和时间字段（带有 calendar 和 time 控件，有时区）
datetime-local	定义日期和时间字段（带有 calendar 和 time 控件，无时区）
email	定义电子邮件输入字段
file	定义上传文件框

（续）

Type 属性	描述
Hidden	定义隐藏输入字段
image	定义图像作为提交按钮
month	定义月份和年份字段（带有 calendar 和 time 控件）
number	定义带有 spinner 控件的数字字段
password	定义密码字段。字段中的字符会被遮蔽
radio	定义单选按钮
range	定义带有 slider 控件的数字字段
reset	定义重置按钮。重置按钮会将所有表单字段重置为初始值
submit	定义提交按钮。提交按钮向服务器发送数据
text	定义单行输入框，在其中输入文本。默认是 20 个字符

属性"name"规定 input 元素的名称。

属性"value"对于按钮，规定按钮上的文本；对于复选框和单选按钮，定义 input 元素被单击时的结果；对于隐藏、密码和文本字段，规定元素的默认值。注意，它不能与 type="file" 一同使用。而对于 type="checkbox"，以及 type="radio"，它则是必需的。

2．<select>元素（下拉列表）

下拉列表是一种节省网页空间的方式，下拉列表标签的基本语法如下 HTML 代码所示：

```
<select name="cars">
<option value="volvo">Volvo</option>
<option value="saab">Saab</option>
<option value="fiat">Fiat</option>
<option value="audi">Audi</option>
</select>
```

以上 HTML 代码在浏览器中显示如图 2-5 所示。

图 2-5 <select>元素

下拉列表标签的属性见表 2-9。

表 2-9 <select>元素的属性

属性	描述
disabled	规定禁用该下拉列表
form	规定文本区域所属的一个或多个表单
multiple	规定可选择多个选项
name	规定下拉列表的名称
required	规定文本区域是必填的
size	规定下拉列表中可见选项的数目

3．<option>元素

<option>元素定义待选择的选项。列表通常会把首个选项显示为被选选项。您可以通过 selected 属性预选择某些选项。基本语法如下。

```
<option value="fiat" selected>Fiat</option>
```

以上 HTML 代码在浏览器中显示如图 2-6 所示。

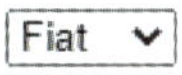

图 2-6　<option>元素

4．<textarea>元素

<textarea>元素定义多行输入字段（文本域）。用户可在此文本区域中写文本，在一个文本区中，可输入无限数量的文本。基本语法如下 HTML 代码所示：

```
<textarea name="message" rows="10" cols="30">
The cat was playing in the garden.
</textarea>
```

以上 HTML 代码在浏览器中显示如图 2-7 所示。

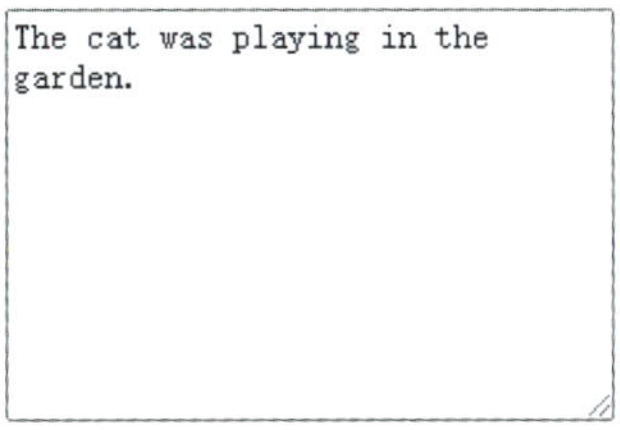

图 2-7　<textarea>元素

多行文本框的常见属性见表 2-10。

表 2-10　<textarea>元素的常见属性

属性	描述
cols	规定文本区内可见的列数
form	定义该 textarea 所属的一个或多个表单
inputmode	定义该 textarea 所期望的输入类型
name	规定文本区的名称
readonly	指示用户无法修改文本区内的内容
rows	规定文本区内可见的行数

5．<button>元素

<button>元素定义可单击的按钮，基本语法如下 HTML 代码所示：

```
<button type="button" onclick="alert('Hello World!')">Click Me!</button>
```

以上 HTML 代码在浏览器中显示如图 2-8 所示。

图 2-8 <button>元素

【实例 2-4】 用户调查表表单。

【实现步骤】

1）启动 Adobe Dreamweaver CS6，新建 HTML5 空白页面，输入以下代码：

```
<!doctype html>
<html>
<head>
<meta charset="utf-8">
<title>用户调查</title>
</head>

<body>
<h3>用户调查表</h3>
<form action="" method="post">
<p>姓名：<input type="text" name="UserName"></p>
<p>电邮：<input type="email" name="userEmail"></p>
<p>生日：<input type="month" name="user_date" /></p>
<p>选择你喜欢的城市：<input type="checkbox"name="city" value="北京" checked>北京
<input type="checkbox" name="city" value="上海" checked>上海
<input type="checkbox" name="city" value="深圳" checked>深圳
<input type="checkbox" name="city" value="广州" checked>广州
<p>上传你的照片：<input type="file" name="userphoto"></p>
<p>你的简介：<textarea name="resume" cols="50" rows="3">你的简介</textarea>
<p><input type="submit" /></p>
</form>
</body>
</html>
```

2）检查代码后，将文件保存到"C:\PHP\ch02\code0204.html"中，在浏览器的地址栏中输入 http://localhost/ch02/code0204.html，按<Enter>键即可浏览页面运行结果，如图 2-9 所示。

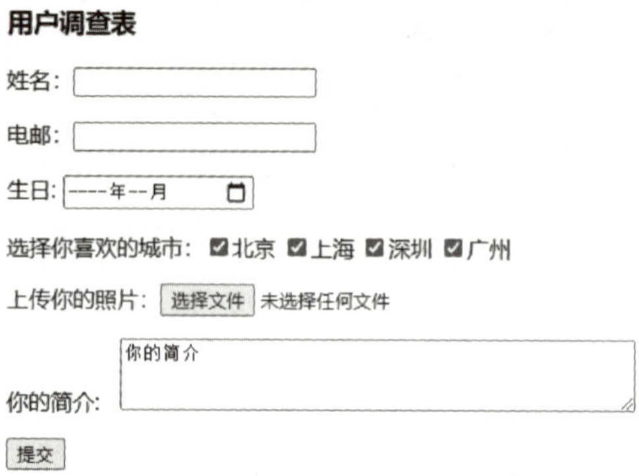

图 2-9 用户调查表表单

2.2 使用 CSS 规定网页布局

相对于 HTML 的表现而言，CSS 能够对网页的布局、字体、颜色、背景和其他效果进行像素级的精确控制，并且拥有对网页对象和模型样式进行编辑的能力，能够进行初步交互设计，是目前基于文本展示最优秀的表现设计语言。

2.2.1 CSS 语法基础

CSS 层叠样式表，是一种用来表现 HTML 或 XML 等文件样式的计算机语言，是能够真正做到网页表现与内容分离的一种样式设计语言。CSS 能够根据不同使用者的理解能力，简化或者优化写法，有较强的易读性。

2.2.1
CSS 语法
基础

1. 使用方式

有三种方法可以在网页上使用 CSS 样式表。

（1）外联式（linking）

外联式也叫外部样式，就是将网页链接到外部样式表。如以下代码所示：

```
<link rel="stylesheet" type="text/css" href="mystyle.css" />
```

该代码将使得当前页面根据外部样式表 mystyle.css 的要求来呈现效果。

当样式需要被应用到很多页面的时候，外部样式表将是理想的选择。使用外部样式表，就可以通过更改一个文件来改变整个站点的外观。外部样式表的文件扩展名一般为".css"。

（2）嵌入式（embedding）

嵌入式也叫内页样式，就是在网页上创建嵌入的样式表。如以下代码所示：

```
<style type="text/css">
body {background-color: red}
p {margin-left: 20px}
</style>
```

该代码将使得当前页面的主体 body 和段落 p 呈现指定的效果。

当单个文件需要特别样式时，就可以使用内部样式表。

（3）内联式（inline）

内联式也叫行内样式，就是应用内嵌样式到各个网页元素。如以下代码所示：

```
<p style="color: red; margin-left: 20px">
这是一个段落。
</p>
```

该代码将呈现段落 p 的颜色和左外边距。

当特殊的样式需要应用到个别元素时，就可以使用内联样式。使用内联式的方法是在相关的标签中使用样式属性。样式属性可以包含任何 CSS 属性。

样式的优先级：内联式>嵌入式>外联式>浏览器默认设置。

2. 语法规则

CSS 的语法规则由选择器、样式属性和属性值组成，其格式如下：

```
选择器 1, 选择器 2, 选择器 3, … {
属性 1: 值 1;
属性 2: 值 2;
属性 3: 值 3;
…
}
```

以图 2-10 为例。

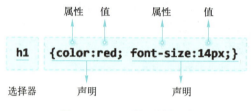

图 2-10　CSS 的语法规则

选择器：指向需要设置样式的 HTML 元素；选择器通常是一个，也可以是多个；若是多个，则相互间用逗号分开。

声明块：包含一条或多条用分号分隔的声明；每条声明都包含一个 CSS 属性名称和一个值，以冒号分隔；多条 CSS 声明用分号分隔，声明块用花括号括起来。

CSS 选择器通常有以下四种：

1）通配选择符 "*"：代表所有对象，即页面上所有对象都会应用该样式，一般用于网页字体、字体大小、字体颜色、网页背景等公共属性的设置。

如下代码所示：

```
*
{
background-color:yellow;
}
```

该代码中的通配选择符 "*" 是选择所有元素，并设置它们的背景颜色。

选择器也能选取另一个元素中的所有元素。

如下代码所示：

```
div *
{
background-color:yellow;
}
```

该代码中的通配选择符 "*" 是选取<div>元素内部的所有元素。

2）标签选择符：即用 HTML 中标签名称作为选择符，则页面中所有同类标签都会应用该样式。

如下代码所示：

```
p
```

```
    {
    background-color:yellow;
    }
```

该代码中的标签选择符 p 将设置所有<p>元素的背景颜色。

3）id 选择符：为 HTML 标签添加 id 属性，CSS 样式中以"#"加上 id 名称作为选择符，则页面中 id 值相同的所有标签都会应用该样式。注意，id 是区分大小写的。

如下代码所示：

```
#sidebar {
font-style: italic;
text-align: right;
margin-top: 5px;
}
```

该代码中的 id 选择符#sidebar 将设置页面中 id 值为 sidebar 的所有标签都应用该样式。

4）class 选择符：为 HTML 标签添加 class 属性，CSS 样式中以"."加上 class 名称作为选择符，则页面中 class 值相同的所有标签都会应用该样式。注意，class 是区分大小写的。

如下代码所示：

```
.important {
color:red;
}
```

该代码中的 class 选择符.important 将设置页面中 class 值为 important 的所有标签都应用该样式。

2.2.2 使用 CSS 实现网页的美化与轮廓

下面从 CSS 的基本属性、框模型、定位、布局、轮廓几个方面来介绍 CSS 如何实现网页的美化与轮廓。

2.2.2 使用 CSS 实现网页的美化与轮廓

1. 基本属性

（1）背景

background 用于设置所有的背景属性，可以设置的属性见表 2-11。

表 2-11 background 的属性

属性	描述
background-color	背景颜色
background-position	背景图像的位置
background-size	背景图片的尺寸
background-repeat	如何重复背景图像
background-origin	背景图片的定位区域
background-clip	背景的绘制区域
background-attachment	背景图像是否固定或者随着页面的其余部分滚动
background-image	背景图像

（2）文本效果

在 CSS 中常见的文本效果属性见表 2-12。

表 2-12　CSS 中常见的文本效果属性

属性	描述
color	设置文本颜色
line-height	设置行高，可能的值为"normal"（默认）、数字、固定值或百分比
letter-spacing	设置字符间距，允许使用负值
text-align	设置文本的对齐方式
text-decoration	向文本添加修饰
word-spacing	设置字间距
text-outline	规定文本的轮廓
text-shadow	设置文本阴影

（3）字体

在 CSS 中常见的字体效果属性见表 2-13。

表 2-13　CSS 中常见的字体效果属性

属性	描述
font-family	规定字体的名称
src	定义字体文件的 URL
font-stretch	定义如何拉伸字体。默认是"normal"
font-style	定义字体的样式。默认是"normal"
font-weight	定义字体的粗细。默认是"normal"

（4）链接

链接可以使用任何 CSS 属性（如 color、font-family、background 等）来设置样式。可以根据链接处于什么状态来设置链接的不同样式，四种链接状态分别如下。

- a:link——正常的、未被访问的链接。
- a:visited——用户访问过的链接。
- a:hover——用户将鼠标悬停在链接上时。
- a:active——链接被单击时。

下面的代码表示设置链接的四种状态：

```
a:link {color:#FF0000;}       /* 未被访问的链接 */
a:visited {color:#00FF00;}    /* 已被访问的链接 */
a:hover {color:#FF00FF;}      /* 鼠标指针移动到链接上 */
a:active {color:#0000FF;}     /* 正在被单击的链接 */
```

（5）列表

list-style，在一个声明中设置所有的列表属性，可以按顺序设置如下属性。

- list-style-type 属性指定列表项标记的类型。
- list-style-image 属性将图像指定为列表项标记。
- list-style-position 属性指定列表项标记（项目符号）的位置。

可以不设置其中的某个值，如"list-style:circle inside;"，未设置的属性会使用其默认值。

list-style-type 属性指定列表项标记的类型，以下代码显示了一些可用的列表项标记：

```
<!DOCTYPE html>
<html>
<head>
<style>
ul.a {
  list-style-type: circle;
}
ul.b {
  list-style-type: square;
}
ol.c {
  list-style-type: upper-roman;
}
ol.d {
  list-style-type: lower-alpha;
}
</style>
</head>
<body>
<h1>列表</h1>
<p>无序列表实例：</p>
<ul class="a">
<li>Coffee</li>
<li>Tea</li>
<li>Coca Cola</li>
</ul>
<ul class="b">
<li>Coffee</li>
<li>Tea</li>
<li>Coca Cola</li>
</ul>
<p>有序列表实例：</p>
<ol class="c">
<li>Coffee</li>
<li>Tea</li>
<li>Coca Cola</li>
</ol>
<ol class="d">
<li>Coffee</li>
<li>Tea</li>
<li>Coca Cola</li>
</ol>
</body>
</html>
```

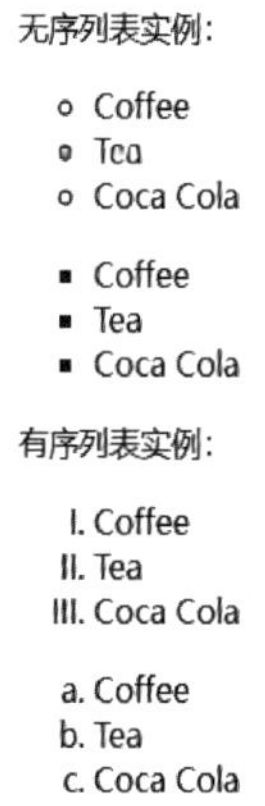

该代码的运行结果如图 2-11 所示。

图 2-11　无序列表和有序列表

（6）表格

CSS 表格属性可以极大地改善表格的外观。

1）表格边框。如需在 CSS 中设置表格边框，可使用 border 属性。下面的代码为 table、th，以及 td 设置了黑色边框：

```
table, th, td{
border: 1px solid black;
}
```

将会呈现如图 2-12 所示的效果。

请注意，上例中的表格具有双线条边框。这是由于 table、th，以及 td 元素都有独立的边框。如果需要把表格显示为单线条边框，可以使用 border-collapse 属性。

2）合并表格边框。border-collapse 设置是否将表格边框折叠为单一边框。下面的代码为 table、th，以及 td 设置了单一边框：

```
table {
border-collapse:collapse;
}
table,th, td {
border: 1px solid black;
}
```

将会呈现如图 2-13 所示的效果。

Firstname	Lastname
Bill	Gates
Steve	Jobs

图 2-12　表格边框

Firstname	Lastname
Bill	Gates
Steve	Jobs

图 2-13　合并表格边框

3）表格宽度和高度。表格的宽度和高度由 width 和 height 属性定义。下面的代码将表的宽度设置为 100%，将<th>元素的高度设置为 50px：

```
table {
  width: 100%;
}
th {
  height: 50px;
}
```

将会呈现如图 2-14 所示的效果。

Firstname	Lastname	Savings
Bill	Gates	$100
Steve	Jobs	$150
Elon	Musk	$300

图 2-14　表格宽度和高度

4）表格文本对齐。

text-align 和 vertical-align，设置表格中文本的对齐方式。text-align 设置水平对齐方式，如左对齐、右对齐或者居中对齐；vertical-align 设置垂直对齐方式，如顶部对齐、底部对齐或居中对齐。

2．框模型

所有 HTML 元素都可以视为方框。在 CSS 中设计和布局时，会使用术语"盒模型"或"框模型"。CSS 框模型实质上是一个包围每个 HTML 元素的框，包括外边距、边框、内边距，以及实际的内容。图 2-15 展示了框模型。

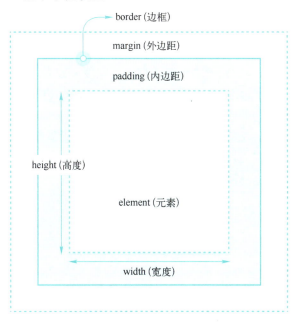

图 2-15　框模型图示

对 CSS 框模型不同部分的说明如下。
- 元素：框的内容，其中显示文本和图像。
- 内边距：清除内容周围的区域，内边距是透明的。
- 边框：围绕内边距和内容的边框。
- 外边距：清除边界外的区域，外边距是透明的。

CSS 框模型规定了元素框处理元素、内边距、边框和外边距的方式。

元素框的最内部分是实际的内容，直接包围内容的是内边距，内边距呈现了元素的背景。内边距的边缘是边框。边框以外是外边距，外边距默认是透明的，因此不会遮挡其后的任何元素。

内边距、边框和外边距都是可选的，默认值是零。但是，许多元素将由用户代理样式表设置外边距和内边距。可以通过将元素的 margin 和 padding 设置为零来覆盖这些浏览器样式。这些可以分别进行，也可以使用通用选择器对所有元素进行设置。

```
* {
margin: 0;
padding: 0;
}
```

在 CSS 中，width 和 height 指的是内容区域的宽度和高度。增加内边距、边框和外边距不会影响内容区域的尺寸，但是会增加元素框的总尺寸。

（1）内边距（padding）

内边距定义元素边框与元素内容之间的空白区域，它接受长度值或百分比值，但不允许使用负值。

（2）边框（border）

边框规定元素边框的样式（border-style）、宽度（border-width）和颜色（border-color），可以应用于任何元素。

边框的样式 border-style，为元素的所有边框设置样式，或者单独为各边设置边框样式。只有当这个值不是 none 时边框才可能出现。

边框的宽度 border-width，为元素的所有边框设置宽度，或者单独为各边边框设置宽度。只有当边框样式不是 none 时才起作用。如果边框样式是 none，边框宽度实际上会重置为 0。不允许指定负长度值。

边框的颜色 border-color，为元素所有边框中的可见部分设置颜色，或者为 4 个边分别设置不同的颜色。

如下代码为边框的 4 个边设置了 3 个像素的红色实线。

```
p
{
border:3px solid red;
}
```

（3）外边距（margin）

外边距会在元素外创建额外的"空白"，它接受任何长度单位、百分数值甚至负值，并且还可以设置为"auto"。

如下代码为所有外边距的四个边分别设置了 10 个像素、20 个像素、30 个像素、40 个像素的宽度。

```
p {
margin: 10px 20px 30px 40px;
}
```

外边距合并，当两个垂直外边距相遇时，它们将形成一个外边距。合并后的外边距的高度等于两个发生合并的外边距的高度中的较大者。

3. 定位

（1）定位概述

定位（position），规定元素的定位类型，可能的取值如下。

- absolute：生成绝对定位的元素，相对于 static 定位以外的第一个父元素进行定位。元素的位置通过"left""top""right"以及"bottom"属性进行规定。
- fixed：生成绝对定位的元素，相对于浏览器窗口进行定位。元素的位置通过"left""top""right"以及"bottom"属性进行规定。
- relative：生成相对定位的元素，相对于其正常位置进行定位。因此，"left:20"会向元素的左侧位置添加 20 像素。
- static：默认值，没有定位，元素出现在正常的流中（忽略 top、bottom、left、right 或者 z-index 声明）。

任何元素都可以定位，它会生成一个块级框，而不论该元素本身是什么类型。

CSS 有三种基本的定位机制：普通流、浮动和绝对定位。

除非专门指定，否则所有框都在普通流中定位。也就是说，普通流中元素的位置由元素在 HTML 中的位置决定。块级框从上到下一个接一个地排列，框之间的垂直距离是由框的垂直外边距计算出来。

行内框在一行中水平布置。可以使用水平内边距、边框和外边距调整它们的间距。但是，垂直内边距、边框和外边距不影响行内框的高度。由一行形成的水平框称为行框（Line Box），行框的高度总是足以容纳它包含的所有行内框。不过，设置行高可以增加这个框的高度。

（2）相对定位

相对定位实际上被看作普通流定位模型的一部分，因为元素的位置相对于它在普通流中的位置。如果对一个元素进行相对定位，它将出现在它所在的位置上。然后，可以通过设置垂直或水平位置，让这个元素"相对于"它的起点进行移动。

如果将 top 设置为 20px，那么框将在原位置顶部下面 20 像素的地方。如果 left 设置为 30 像素，那么会在元素左边创建 30 像素的空间，也就是将元素向右移动。

（3）绝对定位

绝对定位使元素的位置与文档流无关，因此不占据空间。设置为绝对定位的元素框从文档流完全删除，并相对于其包含块定位（包含块可能是文档中的另一个元素或者是初始包含块）。元素在正常文档流中所占的空间会关闭，就好像该元素原来不存在一样。无论原来元素在正常流中生成何种类型的框，元素定位后生成一个块级框。

（4）浮动

float 实现元素的浮动，可能的取值如下。
- left：元素向左浮动。
- right：元素向右浮动。
- none：默认值，元素不浮动，并会显示其在文本中出现的位置。

浮动元素会生成一个块级框。浮动的框可以向左或向右移动，直到它的外边缘碰到包含框或另一个浮动框的边框为止。由于浮动框不在文档的普通流中，所以文档的普通流中的块框表现得就像浮动框不存在一样。

【实例 2-5】 制作一栏具有超链接的浮动的水平菜单。

【实现步骤】

2.2
【实例 2-5】
【实例 2-6】

1）启动 Adobe Dreamweaver CS6，新建 HTML5 空白页面，输入以下代码：

```
<!doctype html>
<html>
<head>
<meta charset="utf-8">
<title>浮动的水平菜单</title>
```

```
<style type="text/css">
div {
margin:0px auto;
WIDTH: 34em;
}
ul {
float:left;
width:100%;
padding:0;
margin:0;
list-style-type:none;
text-align:center
}
a {
float:left;
width:7em;
text-decoration:none;
color:white;
background-color:purple;
padding:0.2em 0.6em;
border-right:1px solid white;
}
a:hover {
background-color:#ff3300
}
li {
display:inline;
text-align:center;
}
</style>
</head>
<body>
<div>
<ul>
<li><a href="#">学校概况</a></li>
<li><a href="#">组织机构</a></li>
<li><a href="#">二级学院</a></li>
<li><a href="#">联系我们</a></li>
</ul>
</div>
</body>
</html>
```

2）检查代码后，将文件保存到"C:\PHP\ch02\code0205.html"中，在浏览器的地址栏中输入 http://localhost/ch02/code0205.html，按<Enter>键即可浏览页面运行结果，如图 2-16 所示。

图 2-16　浮动的水平菜单

4．布局

（1）CSS 多列

CSS 多列布局可以轻松定义多列文本，就像报纸那样，常见的多列属性见表 2-14。

表 2-14　CSS 多列属性

属性	描述
column-count	规定元素应该被划分的列数
column-fill	规定如何填充列，是否进行协调
column-rule	设置列的宽度、样式和颜色规则
column-gap	规定列之间的间隔
column-span	规定元素应横跨多少列
column-width	规定列的宽度

column-count 属性规定元素应该被划分的列数。下面的例子将<div>元素中的文本分为 3 列。

```
div {
    column-count: 3;
}
```

（2）display

display 规定元素应该生成的框的类型，它可能的值很多，广泛使用属性见表 2-15。

表 2-15　display 属性

属性	描述
none	隐藏对象
inline	指定对象为内联元素
block	指定对象为块元素
list-item	指定对象为列表项目
table	指定对象作为块元素级的表格
table-caption	指定对象作为表格标题
table-cell	指定对象作为表格单元格
table-row	指定对象作为表格行
table-column	指定对象作为表格列
flex	将对象作为弹性伸缩盒显示，CSS3 增加
inline-flex	将对象作为内联块级弹性伸缩盒显示，CSS3 增加

5. 轮廓

轮廓是绘制于元素周围的一条线，位于边框边缘的外围，可起到突出元素的作用。轮廓线不会占据空间，也不一定是矩形，设置所有的轮廓属性，可以按顺序设置如下属性，见表 2-16。

表 2-16 轮廓属性

属性	描述
outline-color	规定边框的颜色
outline-style	规定边框的样式
outline-width	规定边框的宽度
outline-offset	对轮廓进行偏移，并在边框边缘进行绘制

【实例 2-6】 HTML5 新标签网页布局。

【实现步骤】

1）启动 Adobe Dreamweaver CS6，新建 HTML5 空白页面，输入以下代码：

```
<!doctype html>
<html>
<head>
<meta charset="utf-8">
<title>页面布局</title>
<style type="text/css">
header,nav,section,aside,article,footer {display:block; background:#CCC; margin:3px auto; text-align:center;}
header {height:100px; line-height:100px;}
nav {height:30px; line-height:30px;}
section {width:25%; float:right; height:450px; line-height:450px;margin:0px 0px 3px 0px;}
aside {width:25%; float:left; height:450px; line-height:450px;margin:0px 0px 3px 0px;}
article {width:49%; float:left; height:450px; line-height:450px;margin:0px 0px 0px 6px;}
footer {clear:both; height:100px; line-height:100px;}
</style>
</head>
<body>
<header>页头</header>
<nav>导航</nav>
<section>右侧</section>
<aside>左侧</aside>
<article>主要内容</article>
<footer>页脚</footer>
</body>
</html>
```

2）检查代码后，将文件保存到"C:\PHP\ch02\code0206.html"中，在浏览器的地址栏输入

http://localhost/ch02/code0206.html，按<Enter>键即可浏览页面运行结果，如图 2-17 所示。

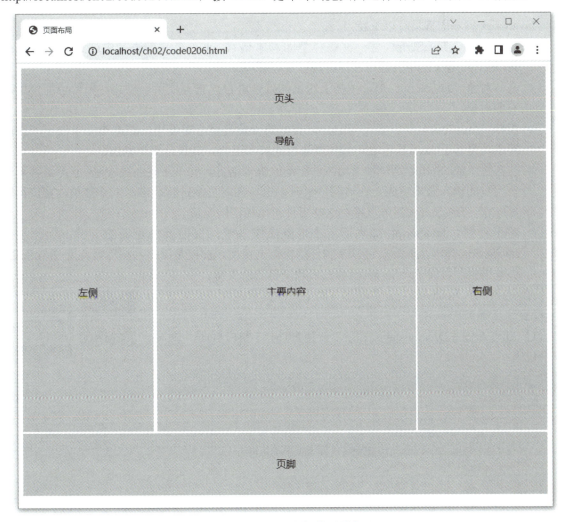

图 2-17　HTML5 新标签网页布局

2.3　使用 JavaScript 编写网页行为

HTML 定义网页的内容，CSS 规定网页的布局，JavaScript 则是对网页行为进行编程。

2.3.1　JavaScript 语法基础

JavaScript 是一种动态类型、弱类型、基于原型的直译式脚本语言，其解释器被称为 JavaScript 引擎，为浏览器的一部分，在浏览器端解释执行，广泛用于客户端的脚本语言，最早是在 HTML 网页上使用，用来给 HTML 网页增加动态功能，JavaScript 是所有现代浏览器，以及 HTML5 中的默认脚本语言。

2.3.1
JavaScript 语法基础

1. 特点

JavaScript 脚本语言具有以下特点。

- 脚本语言。JavaScript 是一种解释型的脚本语言，C、C++等语言先编译后执行，而 JavaScript 是在程序的运行过程中逐行进行解释。
- 基于对象。JavaScript 是一种基于对象的脚本语言，它不仅可以创建对象，也能使用现有的对象。
- 简单。JavaScript 语言中采用的是弱类型的变量类型，对使用的数据类型未做出严格的要求，是基于 Java 基本语句和控制流程的脚本语言，其设计简单紧凑。
- 动态性。JavaScript 是一种采用事件驱动的脚本语言，它不需要经过 Web 服务器就可以对用户的输入做出响应。在访问网页时，鼠标在网页中进行单击、上下移动、窗口移动等操作，JavaScript 都可直接对这些事件给出相应的响应。
- 跨平台性。JavaScript 脚本语言不依赖操作系统，仅需要浏览器的支持，因此一个 JavaScript 脚本在编写后可以带到任意机器上使用，前提是用户的浏览器支持 JavaScript 脚本语言，目前 JavaScript 已被大多数浏览器所支持。

【实例 2-7】用 JavaScript 实现在页面上弹出提示框。

【实现步骤】

2.3
【实例 2-7】
【实例 2-8】
【实例 2-9】
【实例 2-10】

1）启动 Adobe Dreamweaver CS6，新建 HTML5 空白页面，输入以下代码：

```
<!doctype html>
<html>
<head>
<meta charset="utf-8">
<title>用 JavaScript 实现在页面上弹出提示框</title>
</head>
<body>
<script>
alert("我的第一个 JavaScript 小程序！");
</script>
</body>
</html>
```

2）检查代码后，将文件保存到"C:\PHP\ch02\code0207.html"中，在浏览器的地址栏中输入 http://localhost/ch02/code0207.html，按<Enter>键即可浏览页面运行结果，如图 2-18 所示。

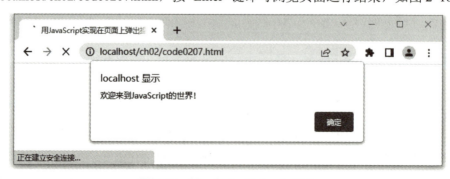

图 2-18　第一个 JavaScript 小程序

2. 语法

JavaScript 借鉴了 Java 的基本语法与控制流程，JavaScript 与高级编程语言具有类似的语法结构。

（1）输出

JavaScript 可以通过不同的方式来输出数据。
- 使用 alert()弹出警告框。
- 使用 document.write()方法将内容写到 HTML 文档中。
- 使用 innerHTML 写入 HTML 元素。
- 使用 console.log()写入浏览器的控制台。

（2）语句

JavaScript 语句向浏览器发出命令，告诉浏览器该做什么。语句示例如下。

```
<script>
document.getElementById("demo").innerHTML = "我的第一段 JavaScript";
</script>
```

如以上代码所示，在 HTML 页面中插入 JavaScript 语句，使用<script>标签，<script>和</script>会告诉 JavaScript 在何处开始和结束；分号用于分隔 JavaScript 语句；JavaScript 语句通过代码块的形式进行组合，块由左花括号开始，到右花括号结束，块的作用是使语句序列一起执行；JavaScript 函数是将语句组合在块中的典型例子；JavaScript 对大小写是敏感的。

（3）注释

可以添加注释来对 JavaScript 进行解释，或者提高代码的可读性，注释不会执行。单行注释以"//"开头。多行注释以"/*"开始，以"*/"结尾。

（4）数据类型

JavaScript 的数据类型有字符串、数字、布尔、数组、对象、null、undefined。JavaScript 拥有动态数据类型，这意味着相同的变量可用作不同的类型。

字符串是存储字符的变量，可以是引号中的任意文本，引号可以使用单引号或双引号。

JavaScript 只有一种数字类型。数字可以带小数点，也可以不带小数点：

```
var x1=34.00;          //使用小数点来写
var x2=34;             //不使用小数点来写
```

布尔（逻辑）只能有两个值：true 或 false。

```
var x=true
var y=false
```

对象由花括号分隔。在括号内部，对象的属性以名称和值对的形式来定义。属性由逗号分隔：

```
var person={firstname:"Bill", lastname:"Gates", id:5566};
```

对象属性有两种寻址方式：

```
name=person.lastname;
name=person["lastname"];
```

undefined 这个值表示变量不含有值。

可以通过将变量的值设置为"null"来清空变量。

（5）变量

变量是存储信息的容器。变量可以使用短名称（如 x 和 y），也可以使用描述性更好的名称（如 age、sum、totalvolume）。变量必须以字母开头，也能以"$"和"_"符号开头（不过不推荐这么做），变量名称对大小写敏感。JavaScript 变量均为对象，声明一个变量就创建了一个新的对象。

在 JavaScript 中创建变量通常称为"声明"变量，可使用 var 关键词：

```
var x=2,y=3;
var name="Gates",
age=56,
job="CEO";
```

声明新变量时，可以使用关键词"new"来声明其类型：

```
var carname = new String;
var x = new Number;
var y = new Boolean;
var cars = new Array;
var person = new Object;
```

（6）运算符

1）算术运算符。

算术运算符主要用于处理算术运算操作，分为一元运算符和二元运算符，使用方法与优先级和数学运算相同。

一元运算符包括：前置或后置自增"++"、前置或后置自减"--"、正号"+"和负号"-"。

二元运算符包括：加"+"、减"-"、乘"*"、除"/"和取余"%"。

如果把数字与字符串相加，结果将成为字符串。

2）赋值运算符。

赋值运算符"="用于给变量赋值，其他运算符可以和赋值运算符联合使用，构成组合运算符。

3）比较运算符。

比较运算符用来比较两个操作数的值，返回值为布尔类型。

比较运算符包括：小于"<"、大于">"、小于等于"<="、大于等于">="、相等"=="、不等于"!="、全等（值和类型）"==="和非全等（值和类型）"!=="。

4）逻辑运算符。

逻辑运算符用于处理逻辑运算操作，返回值为布尔类型。

逻辑运算符包括逻辑与"&&"、逻辑或"||"和逻辑非"!"。

5）条件运算符。

条件运算符提供简单的逻辑判断和赋值，语法格式如下：

表达式 1? 表达式 2：表达式 3

如果表达式 1 的值为 true，则执行表达式 2，否则执行表达式 3。

(7)条件语句

1) if 语句。

只有当指定条件为 true 时,该语句才会执行代码。

语法如下:

    if (条件)
    {
  只有当条件为 true 时执行的代码
    }

2) if...else 语句。

当条件为 true 时执行代码,当条件为 false 时执行其他代码。

语法如下:

    if (条件)
    {
  当条件为 true 时执行的代码
    }
    else
    {
  当条件不为 true 时执行的代码
    }

3) if...else if...else 语句。

使用该语句来选择多个代码块之一来执行。

语法如下:

    if (条件 1)
    {
  当条件 1 为 true 时执行的代码
    }
    else if (条件 2)
    {
  当条件 2 为 true 时执行的代码
    }
    else
    {
  当条件 1 和条件 2 都不为 true 时执行的代码
    }

4) switch 语句。

使用该语句来选择多个代码块之一来执行。

语法如下:

    switch(n)
    {
  case 1:
  执行代码块 1
    break;
  case 2:

```
    执行代码块 2
        break;
    default:
        n 与 case 1 和 case 2 不同时执行的代码
}
```

【实例 2-8】 用 JavaScript 实现在页面上弹出可输入的提示框，判断输入的成绩是否及格。

【实现步骤】

1）启动 Adobe Dreamweaver CS6，新建 HTML5 空白页面，输入以下代码：

```
<!doctype html>
<html>
<head>
<meta charset="utf-8">
<title>用 JavaScript 实现在页面上弹出可输入的提示框，判断输入的成绩是否及格
</title>
</head>
<body>
<Script>
  x=prompt("请输入成绩(0～100):");
  score=parseInt(x);
  if (score>=60){
    alert (score+"恭喜你及格了！"); }
  else {
    alert (score+"很遗憾你没有通过！"); }
</Script>
</body>
</html>
```

2）检查代码后，将文件保存到"C:\PHP\ch02\code0208.html"中，在浏览器的地址栏中输入 http://localhost/ch02/code0208.html，输入 1～100 之间的数字，如图 2-19 所示。

图 2-19 输入成绩

单击"确定"按钮即可浏览页面运行结果，如图 2-20 所示。

图 2-20　显示成绩判断结果

（8）循环语句

1）for 循环语句。语法如下：

```
for (语句 1;语句 2;语句 3)
{
被执行的代码块
}
```

语句 1 在循环（代码块）开始前执行，语句 2 定义运行循环（代码块）的条件，语句 3 在循环（代码块）已被执行之后执行。

2）for…in 循环语句。for…in 语句循环遍历对象的属性，示例如下：

```
var teacher = {fname:"Keke", lname:"Wu", age:40};
for (m in teacher)
{
  n = n + teacher[m];
}
```

该代码中的 for…in 语句循环遍历数组 teacher 中的三个元素 fname、lname，以及 age 的值。

3）while 循环语句。while 循环会在指定条件为 true 时循环执行代码块。语法如下：

```
while (条件)
{
  需要执行的代码
}
```

4）do…while 循环语句。do…while 循环是 while 循环的变体。该循环会在检查条件是否为 true 之前执行一次代码块，如果条件为 true，就会重复这个循环。语法如下：

```
do
{
  需要执行的代码
}
while (条件);
```

（9）**break** 语句

break 语句用于跳出 switch 语句，也可用于跳出循环语句。break 语句跳出循环后，会继续执行该循环之后的代码（如果有的话）。

（10）continue 语句

continue 语句退出当前循环，若控制表达式为真，还允许继续进行下一次循环。

（11）错误处理语句

try 语句定义在执行时进行错误测试的代码块。

catch 语句定义当 try 代码块发生错误时所执行的代码块。

JavaScript 语句 try 和 catch 是成对出现的。语法如下：

```
try
  {
  //在这里运行代码
  }
catch(err)
  {
  //在这里处理错误
  }
```

throw 语句允许用户创建自定义错误。如果把 throw 与 try 和 catch 一起使用，那么能够控制程序流，并生成自定义的错误消息。语法如下：

```
throw 异常
```

异常可以是 JavaScript 字符串、数字、逻辑值或对象。

（12）函数

函数是由事件驱动的或者当它被调用时执行的可重复使用的代码块。函数就是包裹在花括号中的代码块，前面使用了关键词 function：

```
function functionname(argument1,argument2,argument3,…)
{
这里是要执行的代码
}
```

在 JavaScript 函数内部声明的变量（使用 var）是局部变量，所以只能在函数内部访问它。在 JavaScript 中，函数 this 关键字的行为与其他语言相比有很多不同。在 JavaScript 的严格模式和非严格模式下也略有区别。在绝大多数情况下，函数的调用方式决定了 this 的值。this 不能在执行期间被赋值，在每次函数被调用时，this 的值也可能会不同。ES5 引入了 bind 方法来设置函数的 this 值，而不用考虑函数是如何被调用的。

【实例 2-9】 用 JavaScript 实现在页面上计算两个数的乘积，并返回结果。

【实现步骤】

1）启动 Adobe Dreamweaver CS6，新建 HTML5 空白页面，输入以下代码：

```
<!doctype html>
<html>
<head>
<meta charset="utf-8">
<title>用 JavaScript 实现在页面上计算两个数的乘积，并返回结果</title>
</head>
<body>
<h2>JavaScript 函数</h2>
```

```
<p>本例调用了一个执行计算的函数,然后返回结果:</p>
<p id="demo"></p>
<script>
var x = myFunction(7, 8);
document.getElementById("demo").innerHTML = x;

function myFunction(a, b) {
    return a * b;
}
</script>
</body>
</html>
```

2)检查代码后,将文件保存到"C:\PHP\ch02\code0209.html"中,在浏览器的地址栏中输入 http://localhost/ch02/code0209.html,按<Enter>键即可浏览页面运行结果,如图 2-21 所示。

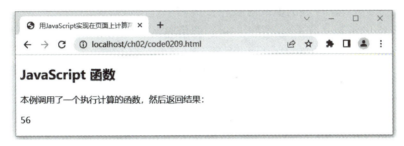

图 2-21 JavaScript 函数

2.3.2 使用 JavaScript 实现网页的动作与事件

JavaScript 中的所有事物都是对象:字符串、数字、数组、日期等。在 JavaScript 中,对象是拥有属性和方法的数据。属性是与对象相关的值,方法是能够在对象上执行的动作。

2.3.2 使用 JavaScript 实现网页的动作与事件

访问对象属性的语法如下:

```
objectName.propertyName
```

访问对象方法的语法如下:

```
objectName.methodName()
```

1. 基本对象

JavaScript 基本对象是关于基础语法的对象。

(1)Array 对象

Array 对象用于在单个变量中存储多个值。

创建 Array 对象的语法如下:

```
new Array();
new Array(size);
new Array(element0, element1, ..., elementn);
```

参数 size 是期望的数组元素个数。返回的数组,length 字段将被设为 size 的值。

参数 element1, ..., elementn 是参数列表。当使用这些参数来调用构造函数 Array() 时，新创建的数组的元素就会被初始化为这些值。它的 length 字段也会被设置为参数的个数。

如果调用构造函数 Array() 时没有使用参数，那么返回的数组为空，length 字段为 0。当调用构造函数时只传递给它一个数字参数，该构造函数将返回具有指定个数、元素为 undefined 的数组。

当其他参数调用 Array() 时，该构造函数将用参数指定的值初始化数组。当把构造函数作为函数调用，不使用 new 运算符时，它的行为与使用 new 运算符调用它时的行为完全一样。

（2）Boolean 对象

Boolean 对象表示两个值：true 或 false。

创建 Boolean 对象的语法如下：

```
new Boolean(value);  //构造函数
Boolean(value);      //转换函数
```

参数 value 由布尔对象存放的值或者要转换成布尔值的值决定。

当作为一个构造函数（带有运算符 new）调用时，Boolean() 将把它的参数转换成一个布尔值，并且返回一个包含该值的 Boolean 对象。

当作为一个函数（不带有运算符 new）调用时，Boolean() 只把它的参数转换成一个原始的布尔值，并且返回这个值。

如果省略 value 参数，或者设置为 0、-0、null、""、false、undefined 或 NaN，则该对象设置为 false，否则设置为 true（即使 value 参数是字符串 "false"）。

（3）Date 对象

Date 对象用于处理日期和时间。

创建 Date 对象的语法如下：

```
var myDate=new Date();
```

Date 对象会自动把当前日期和时间保存为其初始值。

（4）Math 对象

Math 对象用于执行数学任务。Math 对象并不像 Date 和 String 那样是对象的类，因此没有构造函数 Math()，无需创建它，Math 对象就可以直接调用其所有属性和方法。

使用 Math 的属性和方法的语法如下：

```
var pi_value=Math.PI;
var sqrt_value=Math.sqrt(15);
```

（5）Number 对象

Number 对象是原始数值的包装对象。

创建 Number 对象的语法如下：

```
var myNum=new Number(value);
var myNum=Number(value);
```

参数 value 是要创建的 Number 对象的数值，或是要转换成数字的值。

当 Number()和运算符 new 一起作为构造函数使用时，它返回一个新创建的 Number 对象。如果不用 new 运算符，把 Number()作为一个函数来调用，它将把自己的参数转换成一个原始的数值，并且返回这个值（如果转换失败，则返回 NaN）。

（6）String 对象

String 对象用于处理文本（字符串）。

创建 String 对象的语法如下：

```
new String(s);
String(s);
```

参数 s 是要存储在 String 对象中或转换成原始字符串的值。String()和运算符 new 一起作为构造函数使用时，它返回一个新创建的 String 对象，存放的是字符串 s 或 s 的字符串表示。当不用 new 运算符调用 String()时，它只把 s 转换成原始的字符串，并返回转换后的值。

（7）Global 对象

Global 对象，即全局对象，是预定义的对象，作为 JavaScript 的全局函数和全局属性的占位符。通过使用全局对象，可以访问其他所有预定义的对象、函数和属性。全局对象不是任何对象的属性，所以它没有名称。

在顶层 JavaScript 代码中，可以用关键字 this 引用全局对象，但通常不必用这种方式引用全局对象，因为全局对象是作用域链的头，这意味着所有非限定性的变量和函数名都会作为该对象的属性来查询。例如，当 JavaScript 代码引用 parseInt()函数时，它引用的是全局对象的 parseInt 属性。全局对象是作用域链的头，还意味着在顶层 JavaScript 代码中声明的所有变量都将成为全局对象的属性。在客户端 JavaScript 中，全局对象就是 Window 对象，表示允许 JavaScript 代码的 Web 浏览器窗口，常用的全局函数见表 2-17。

表 2-17 常用的全局函数

名称	作用
decodeURI()	解码某个编码的 URI
encodeURI()	把字符串编码为 URI
eval()	计算 JavaScript 字符串，并把它作为脚本代码来执行
isFinite()	检查某个值是否为有穷大的数
isNaN()	检查某个值是否是数字
Number()	把对象的值转换为数字
parseFloat()	解析一个字符串并返回一个浮点数
parseInt()	解析一个字符串并返回一个整数
String()	把对象的值转换为字符串

2．文档对象

文档对象模型（Document Object Model，DOM）是 W3C 组织推荐的处理可扩展标记语言的标准编程接口。它是一种与平台和语言无关的应用程序接口（API），可以动态地访问程序和脚本，更新其内容、结构和 WWW 文档的风格（目前 HTML 文档是通过说明部分定义的）。文档可以进一步被处理，处理的结果可以加入当前的页面。DOM 是一种基于树的 API 文档，它要求在处理过程中整个文档都表示在存储器中。

（1）document 对象

每个载入浏览器的 HTML 文档都会成为 document 对象，document 对象可以从脚本中对 HTML 页面中的所有元素进行访问。

document 对象常用的属性见表 2-18。

表 2-18　document 对象常用的属性

名称	作用
baseURI	返回文档的绝对基础 URI
body	返回文档的 body 元素
cookie	设置或返回与当前文档有关的所有 cookie
domain	返回当前文档的域名
lastModified	返回文档被最后修改的日期和时间
referrer	返回载入当前文档的 URL
title	返回当前文档的标题
URL	返回当前文档的 URL

document 对象常用的方法见表 2-19。

表 2-19　document 对象常用的方法

名称	作用
close()	关闭用
open()	打开的输出流，并显示选定的数据
getElementById()	返回对拥有指定 ID 的第一个对象的引用
getElementsByName()	返回带有指定名称的对象集合
getElementsByTagName()	返回带有指定标签名的对象集合
write()	向文档写 HTML 表达式或 JavaScript 代码
writeln()	等同 write()，不同的是在每个表达式之后写一个换行符

（2）元素对象

元素对象代表着一个 HTML 元素，其子节点可以是元素节点、文本节点、注释节点，元素对象的属性和方法很多，常用的属性和方法见表 2-20。

表 2-20　常用的元素对象的属性和方法

名称	作用
id	设置或返回元素的 ID
innerHTML	设置或返回元素的内容
nodeType	返回元素的节点类型
nodeValue	返回元素的节点值
style	设置或返回元素的样式属性
textContent	设置或返回一个节点和它的文本内容
title	设置或返回元素的 title 属性
focus()	设置文档或元素获取焦点
getAttribute()	返回指定元素的属性值
getUserData()	返回一个元素中关联键值的对象
hasChildNodes()	返回一个元素是否具有任何子元素
toString()	一个元素转换成字符串
item()	返回某个元素基于文档树的索引

（3）事件对象

事件对象代表事件的状态，比如事件发生的元素、键盘按键的状态、鼠标的位置、鼠标按钮的状态等。事件通常与函数结合使用，函数不会在事件发生前被执行。

事件包括鼠标事件、键盘事件、对象事件、表单事件、剪贴板事件、打印事件、拖动事件、多媒体事件、动画事件、过渡事件，以及其他事件，事件对象的属性见表2-21。

表 2-21 事件对象的属性

名称	作用
bubbles	返回布尔值，指示事件是否是起泡事件类型
cancelable	返回布尔值，指示事件是否有可取消的默认动作
currentTarget	返回其事件监听器触发该事件的元素
eventPhase	返回事件传播的当前阶段
target	返回触发此事件的元素（事件的目标节点）
timeStamp	返回事件生成的日期和时间
type	返回当前 Event 对象表示的事件的名称

另外，还有目标事件对象、事件监听对象、文档事件对象、鼠标事件对象、键盘事件对象。由于篇幅所限，在此不赘述。

3. 浏览器对象

浏览器对象模型（Browser Object Model，BOM）是用于描述对象与对象之间层次关系的模型，提供了独立于内容的、可以与浏览器窗口进行互动的对象结构。BOM 由多个对象组成，其中代表浏览器窗口的 Window 对象是 BOM 的顶层对象，其他对象都是该对象的子对象。

由于 BOM 没有相关标准，每个浏览器都有其自己对 BOM 的实现方式。BOM 有窗口对象、导航对象等一些实际上已经默认的标准，但对于这些对象和其他一些对象，每个浏览器都定义了自己的属性和方式。

（1）window 对象

window 对象表示浏览器中打开的窗口。如果文档包含框架（frame 或 iframe 标签），浏览器会为 HTML 文档创建一个 window 对象，并为每个框架创建一个额外的 window 对象。

window 对象常用的属性见表2-22。

表 2-22 window 对象常用的属性

名称	作用
closed	返回窗口是否已被关闭
defaultStatus	设置或返回窗口状态栏中的默认文本
document	文档对象，用于操作页面元素
frames	返回窗口中所有命名的框架
history	历史对象，用于操作浏览历史
length	设置或返回窗口中的框架数量
location	地址对象，用于操作 URL 地址
name	设置或返回窗口的名称
parent	返回父窗口
screen	屏幕对象，用于操作屏幕宽度和高度
self	返回对当前窗口的引用
status	设置窗口状态栏的文本
top	返回最顶层的父窗口

window 对象的常用方法见表 2-23。

表 2-23 window 对象的常用方法

名称	作用
alert()	显示带有一段消息和一个确认按钮的警告框
close()	关闭浏览器窗口
back()	模拟用户单击浏览器上的"后退"按钮，将页面转到浏览器的上一页
confirm()	显示带有一段消息，以及"确认"按钮和"取消"按钮的对话框
focus()	把键盘焦点给予一个窗口
moveBy()	可相对窗口的当前坐标把它移动指定的像素
moveTo()	把窗口的左上角移动到一个指定的坐标
open()	打开一个新的浏览器窗口或查找一个已命名的窗口
prompt()	显示可提示用户输入的对话框
resizeTo()	把窗口的大小调整到指定的宽度和高度
setTimeout()	在指定的毫秒数后调用函数或计算表达式

window 对象表示一个浏览器窗口或一个框架。在客户端 JavaScript 中，window 对象是全局对象，所有的表达式都在当前的环境中计算。也就是说，要引用当前窗口根本不需要特殊的语法，可以把窗口的属性作为全局变量来使用。例如，可以只写 document，而不必写 window.document。

同样，可以把当前窗口对象的方法当作函数来使用，如只写 alert()，而不必写 window.alert()。不过，window.open() 方法除外，因为若简写，则有可能与 document.open() 混淆。

（2）navigator 对象

navigator 对象包含有关浏览器的信息，navigator 对象常用属性见表 2-24。

表 2-24 navigator 对象常用属性

名称	作用
appCodeName	返回浏览器的代码名
appName	返回浏览器的名称
appVersion	返回浏览器的平台和版本信息
browserLanguage	返回当前浏览器的语言
cookieEnabled	返回指明浏览器中是否启用 cookie 的布尔值
platform	返回运行浏览器的操作系统平台
userLanguage	返回操作系统的自然语言设置

navigator 对象的常用方法见表 2-25。

表 2-25 navigator 对象的常用方法

名称	作用
javaEnabled()	规定浏览器是否启用 java
taintEnabled()	规定浏览器是否启用数据污点

（3）screen 对象

screen 对象中存放着有关显示浏览器屏幕的信息。JavaScript 程序将利用这些信息来优化它们的输出，以达到用户的显示要求。例如，一个程序可以根据显示器的尺寸选择使用大图像还是小图像，还可以根据显示器的颜色深度选择使用 16 位色还是 8 位色的图形。另外，JavaScript 程序还能根据有关屏幕尺寸的信息将新的浏览器窗口定位在屏幕中间。

screen 对象的常用属性见表 2-26。

表 2-26　screen 对象的常用属性

名称	作用
availHeight	返回显示屏幕的高度（除 Windows 任务栏之外）
availWidth	返回显示屏幕的宽度（除 Windows 任务栏之外）
bufferDepth	设置或返回调色板的比特深度
deviceXDPI	返回显示屏幕的每英寸水平点数
deviceYDPI	返回显示屏幕的每英寸垂直点数
height	返回显示屏幕的高度
width	返回显示屏幕的宽度
pixelDepth	返回显示屏幕的颜色分辨率（比特/像素）
updateInterval	设置或返回屏幕的刷新率

（4）history 对象

history 对象包含用户在浏览器窗口中访问过的 URL。history 对象只有一个"length"属性，它返回浏览器历史列表中的 URL 数量。

history 对象的常用方法见表 2-27。

表 2-27　history 对象的常用方法

名称	作用
back()	加载 history 列表中的前一个 URL
forward()	加载 history 列表中的下一个 URL
go()	加载 history 列表中的某个具体页面

（5）location 对象

location 对象包含有关当前 URL 的信息。

location 对象常用属性见表 2-28。

表 2-28　location 对象常用属性

名称	作用
hash	设置或返回从井号（#）开始的 URL（锚）
host	设置或返回主机名和当前 URL 的端口号
hostname	设置或返回当前 URL 的主机名
href	设置或返回完整的 URL
pathname	设置或返回当前 URL 的路径部分
port	设置或返回当前 URL 的端口号
protocol	设置或返回当前 URL 的协议
search	设置或返回从问号（?）开始的 URL（查询部分）

location 对象方法见表 2-29。

表 2-29 location 对象方法

名称	作用
assign()	加载新的文档
reload()	重新加载当前文档
replace()	用新的文档替换当前文档

【实例 2-10】 在网页中实时显示当前的系统时间。

【实现步骤】

1）启动 Adobe Dreamweaver CS6，新建 HTML5 空白页面，输入以下代码。

```
<!doctype html>
<html>
<head>
<meta charset="utf-8">
<title>在网页中实时显示当前的系统时间</title>
<script type="text/javascript">
function startTime()
{
var today=new Date()
var h=today.getHours()
var m=today.getMinutes()
var s=today.getSeconds()
//若数字小于10则加0
m=checkTime(m)
s=checkTime(s)
document.getElementById('txt').innerHTML=h+":"+m+":"+s
t=setTimeout('startTime()',500)
}

function checkTime(i)
{
if (i<10)
  {i="0" + i}
  return i
}
</script>
</head>
<body onload="startTime()">
<div id="txt"></div>
</body>
</html>
```

2）检查代码后，将文件保存到"C:\PHP\ch02\code0210.html"中，在浏览器的地址栏中输入 http://localhost/ch02/code0210.html，按<Enter>键即可浏览页面运行结果，如图 2-22 所示。

图 2-22　实时显示当前的系统时间

2.4 跨站脚本攻击与防御

本节介绍一种在 Web 前端发生的安全威胁——跨站脚本攻击（XSS），及其防御技术。

2.4.1 跨站脚本攻击的威胁

下面分别介绍跨站脚本攻击的概念、分类，以及形成原因。

1. 跨站脚本攻击的概念

跨站脚本攻击（Cross-Site Scripting，XSS）是一种常见的网络安全漏洞，它允许攻击者在受害者的浏览器中执行恶意脚本代码。这种攻击通常发生在 Web 应用程序中，利用网页中的漏洞，攻击者能够将恶意脚本注入网页中，然后受害者在浏览器中加载并执行这些恶意脚本。这些恶意脚本可以用于窃取用户的敏感信息（如登录凭据、会话令牌、COOKIE 数据等），以及对用户进行各种操作，如重定向到恶意网站、修改页面内容、篡改用户输入等。

2. 跨站脚本攻击的分类

跨站脚本攻击可以分为以下三种类型。
- 反射型（Reflected XSS）：恶意脚本作为参数包含在 URL 中，当用户单击包含恶意脚本的恶意链接时，恶意脚本被发送到服务器并在服务器响应中反射回来执行。
- 存储型（Stored XSS）：恶意脚本被存储在目标服务器上，当用户访问包含恶意脚本的页面 URL 时，恶意脚本从服务器上返回并在受害者的浏览器中执行。
- DOM 型（DOM XSS）：攻击者通过修改页面的 DOM 结构，触发恶意脚本的执行。这种类型的跨站脚本攻击不涉及服务器的交互。

3. 跨站脚本漏洞的形成原因

造成跨站脚本漏洞的主要原因是攻击者输入的内容没有经过严格的控制，攻击者通过巧妙的方法注入恶意指令代码到网页，使用户加载并执行攻击者恶意制造的网页程序。这些恶意网页程序通常是 JavaScript 等静态脚本程序。攻击成功后，攻击者可能得到个人网页内容、COOKIE 身份信息和 SESSION 会话信息。

【实例 2-11】　跨站脚本攻击实例。

【实现步骤】

1) 启动 Adobe Dreamweaver CS6，新建 HTML5 空白页面，输

入以下代码:

```html
<!DOCTYPE html>
<html>
<head>
<meta charset="utf-8">
<title>跨站脚本攻击（XSS）实例</title>
</head>
<body>
<h2>欢迎光临我的网站！</h2>
<p>请输入您的姓名</p>
<input type="text" id="nameInput">
<button onclick="greet()">提交</button>
<p id="greeting"></p>

<script>
    function greet() {
    var name = document.getElementById("nameInput").value;
    var greeting = document.getElementById("greeting").innerHTML = "欢迎: " + name + "！";
    }
</script>
</body>
</html>
```

2）检查代码后，将文件保存到"C:\PHP\ch02\code0211.html"中，在浏览器的地址栏中输入 http://localhost/ch02/code0211.html，按<Enter>键即可浏览页面运行结果，这段代码包含一个输入框和一个提交按钮，当用户在输入框中输入他们的名字并单击"提交"按钮时，页面会显示一条问候语，如图 2-23 所示。

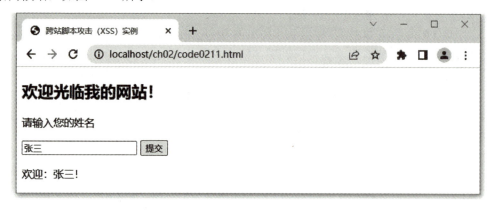

图 2-23　输入正常文本内容

3）这段代码存在 XSS 漏洞，因为它没有对用户输入进行任何验证或转义，使得恶意用户可以在输入框中注入任意的 JavaScript 代码。例如，如果想得到用户 COOKIE 身份信息，可以在输入框中输入以下恶意 JavaScript 代码。

```
<script type = "text/javascript">
```

```
        var cookies = document.cookie;
    </script>
```
如图 2-24 所示。

图 2-24　输入恶意代码

4）单击"提交"按钮时，页面会执行输入的 JavaScript 的脚本，显示"欢迎：！"，如图 2-25 所示。

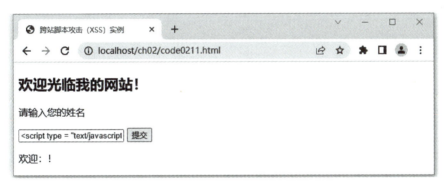

图 2-25　恶意代码被执行

这是因为输入框中的 JavaScript 代码被执行了，攻击者成功地利用了跨站脚本漏洞来注入恶意代码。

2.4.2　跨站脚本攻击的防御

防御跨站脚本攻击的关键是对用户输入内容进行适当的验证和过滤，以确保不允许任何恶意脚本注入应用程序中。以下是一些防御跨站脚本攻击的常见措施。
- 对用户输入进行严格的输入验证和过滤，包括对特殊字符进行转义处理。
- 使用合适的编码机制，如将用户输入在输出到 HTML 上下文时使用 HTML 实体编码，或在 JavaScript 上下文中使用适当的转义机制。
- 使用内容安全策略（Content Security Policy，CSP）来限制页面中可执行的脚本内容。
- 设置 HTTP 标头中的 HttpOnly 属性，以限制 JavaScript 访问敏感的 COOKIE 数据。
- 对用户输入和输出进行输入输出过滤和白名单验证，只允许特定类型和格式的数据通过。

- 定期更新和修补应用程序的安全漏洞,包括修复可能导致跨站脚本攻击的漏洞。
- 进行安全审计和漏洞扫描,以及提高安全意识。

【实例 2-12】 跨站脚本攻击的防御实例。

【实现步骤】

1)启动 Adobe Dreamweaver CS6,新建 HTML5 空白页面,输入以下代码:

```html
<!DOCTYPE html>
<html>
  <head>
    <meta charset="utf-8">
    <title>跨站脚本攻击(XSS)的防御实例</title>
  </head>
  <body>
    <h2>欢迎光临我的网站!</h2>
    <p>请输入您的姓名</p>
    <input type="text" id="nameInput">
    <button onclick="greet()">提交</button>
    <p id="greeting"></p>

    <script>
      function escapeHtml(text) {   //将特殊字符转义为它们的 HTML 实体
        var map = {
          '&': '&amp;',
          '<': '&lt;',
          '>': '&gt;',
          '"': '&quot;',
          "'": '&#039;'
        };

        return text.replace(/[&<>"']/g, function(m) { return map[m]; });
      }

      function greet() {
        var name = escapeHtml(document.getElementById("nameInput").value);
        var greeting = document.getElementById("greeting").innerHTML = "欢迎: " + name + "!";
      }
    </script>
  </body>
</html>
```

2)检查代码后,将文件保存到"C:\PHP\ch02\code0212.html"中,在浏览器的地址栏中输入 http://localhost/ch02/code0212.html,按<Enter>键即可浏览页面运行结果。这段代码包含一个输入框和一个"提交"按钮,当用户在输入框中输入他们的名字并单击"提交"按钮时,页面会显示一条问候语,如图 2-26 所示。

图 2-26　输入正常文本内容

3）恶意用户可以在输入框中注入上述获取用户 COOKIE 身份信息的 JavaScript 恶意代码：

```
<script type = "text/javascript">
    var cookies = document.cookie;
</script>
```

如图 2-27 所示。

图 2-27　输入恶意代码

4）在这个版本的代码中，添加了一个名为 escapeHtml()的函数，该函数将所有特殊字符转义为它们的 HTML 实体，如<会被转义为<。在 greet()函数中，调用 escapeHtml 函数来转义用户输入的数据，从而防止任何恶意代码被注入。所以，当用户单击"提交"按钮时，页面会把输入的 JavaScript 的脚本转义为 HTML 实体，而并不会执行 JavaScript 脚本，如图 2-28 所示。

图 2-28　恶意代码没有被执行

这种方法不仅可以防止跨站脚本攻击，还可以防止其他类型的注入攻击。但请注意，这并不是一个完全的防御方法，攻击者仍然可以通过其他方式绕过这种防御措施。因此，最佳做法是使用多种防御方法来保护应用程序。

本章实训

1. 使用 CSS 和 JavaScript 在网页上实现机械时钟的效果。
2. 用 JavaScript 实现分时问候。
3. 用 JavaScript 实现倒计时。

第 3 章　PHP 语法基础与编码安全

📖 本章导读

PHP 是一种可以嵌入在 HTML 代码中的编程语言，它由服务器负责解释执行，可以创建动态交互式站点。在语法方面，PHP 具有自己的语法结构，它大量借用了 C、C++和 Perl 语言的语法，同时加入了一些其他语言的特征，使 Web 程序编写得更快、更高效。本章主要学习 PHP 的语言基础、函数和数组、流程控制和 PHP 弱数据类型的编码安全。

📝 学习目标

- 掌握 PHP 的语法基础。
- 掌握 PHP 函数与数组。
- 掌握 PHP 的流程控制。
- 掌握 PHP 弱数据类型的编码安全。

🎯 素养目标

- 激发遵规守法、心系国家发展、勇担时代使命的爱国情怀。

3.1　PHP 的语言基础

孟子云："不以规矩，不能成方圆。"在编写程序时，要遵守语法规则。现实生活和工作中，也要遵守各种规则，如法律法规、道德规范等。正因为有了这些规则，社会才能够有序运转，人们才能有序生活。

本节将介绍 PHP 的基本语法、数据类型、常量与变量，以及运算符等有关 PHP 语言的基本知识。

3.1.1　PHP 的基本语法

PHP 是一种创建动态交互性站点的强有力的服务器端高级编程语言，它由服务器负责解释执行，具有自己的语法结构。它可以用于管理动态内容、支持数据库、处理会话跟踪，甚至构建整个电子商务站点。PHP 支持多种数据库，包括 MySQL、PostgreSQL、Oracle、Sybase、Informix 和 Microsoft SQL Server。本节主要介绍如何在 Windows 系统平台上开发 PHP 程序，以及如何在 HTML 网页中加入合法的 PHP 程序代码。

3.1.1
PHP 的基本语法

1. 使用 PHP 标记符区分内容

所谓标记符，就是为了便于与其他内容区分所使用的一种特殊符号。PHP 代码可以嵌入到 HTML、JavaScipt 等代码中使用，因此就需要使用 PHP 标记符将 PHP 代码与 HTML 内容进行识别，当服务器读取该段代码时，就会调用 PHP 编译程序进行编译处理，如下代码所示：

```php
<?php
    echo "Welcome to Shenzhen!";
?>
```

2. 使用 PHP 注释解释说明

注释可以理解为代码中的解释和说明，是程序中不可缺少的重要元素。使用注释不仅能够提高程序的可读性，而且还有利于程序的后期维护工作，程序员一定要养成写好注释、多写注释的习惯。注释不会影响程序的执行，因为在执行时，注释部分的内容不会被解释器执行。在 PHP 程序中添加注释的方法有三种，可以混合使用，具体方法如下。

- "//"：C++语言风格的单行注释。
- "/* …… */"：C 语言风格的多行注释。
- "#"：UNIX 的 Shell 语言风格的单行注释。

【实例 3-1】 分别使用单行注释风格和多行注释风格编写 PHP 程序。

【实现步骤】

1）启动 Adobe Dreamweaver CS6，创建符合 HTML5 标准的空白 PHP 页面，在"<body>"后输入以下代码：

```php
<?php
    echo "单行注释。<br/>"; //这是 PHP 语言风格的单行注释。
                         #这也是 PHP 语言风格的单行注释。
?>
<?php
    echo "多行注释。<br/>"; /* 这是 PHP 语言风格的多行注释，注释到这里就结束了。*/
?>
```

2）检查代码后，将文件保存到"C:\PHP\ch03\code0301.php"中，然后在浏览器地址栏中输入 http://localhost/ch03/code0301.php，按<Enter>键即可浏览页面运行结果，如图 3-1 所示。

图 3-1　PHP 常用注释风格

3. 使用 PHP 标识符标记名称

在系统的开发过程中，需要在程序中定义一些符号来标记一些名称，如变量名、函数名、类名等，这些符号被称为标识符。在 PHP 中，定义标识符要遵循一定的规则，具体如下。

- 标识符只能由字母、数字和下画线组成。
- 标识符可以由一个或多个字符组成，且必须以字母或下画线开头。
- 当标识符用变量时，区分大小写。
- 当标识符由多个单词组成时，应使用下画线进行分隔，如 user_name。

4. 使用 PHP 关键字定义语法结构

在系统开发过程中，还经常会用到关键字。关键字就是编程语言里事先定义好并赋予了特殊含义的单词，也称为保留字。如 echo 用于输出数据，function 用于定义函数。表 3-1 列举了 PHP 中所有的关键字。

表 3-1 PHP 中的关键字

and	or	xor	__FILE__	exception
__LINE__	array()	as	break	case
class	const	continue	declare	default
die()	do	echo	else	elseif
empty()	enddeclare	endfor	endforeach	endif
endswitch	endwhile	eval()	exit()	extends
for	foreach	function	global	if
include	include_once	isset()	list()	new
print	require	require_once	return	static
switch	unset()	use	var	while
__FUNCTION__	__CLASS__	__METHOD__	final	php_user_filter
interface	implements	extends	public	private
protected	abstract	clone	try	catch
throw	this			

在使用 PHP 关键字时，需要注意以下两点。
- 关键字不能作为常量、函数名或类名使用。
- 关键字虽然可作为变量名使用，但是容易导致混淆，不建议使用。

3.1.2 PHP 的数据类型

数据是计算机程序的核心，计算机程序运行时需要操作各种数据，这些数据在程序运行时临时存储在计算机内存中。定义变量时，系统在计算机内存中开辟了一块空间用于存放这些数据，空间名就是变量，空间大小则取决于所定义的数据类型。因此应当根据程序的不同需要来使用各种类型的数据，以避免浪费内存空间。PHP 支持的数据类型分为 3 类，分别是标量数据类型、复合数据类型和特殊数据类型，见表 3-2。

3.1.2
PHP 的数据类型

表 3-2 PHP 数据类型

分类	数据类型	说明
标量数据类型	integer（整型）	取值范围为整数：正整数、负整数和 0
	float/double（浮点型）	用来存储数字，和整型不同的是它有小数位
	string（字符串型）	连续的字符序列，可以是计算机所能表示的一切字符的集合
	boolean（布尔型）	取值真（true）或假（false）
复合数据类型	array（数组）	数组是一组数据的集合
	object（对象）	对象是存储数据和有关如何处理数据的信息的数据类型
特殊数据类型	resource（资源）	资源是由专门的函数来建立和使用的
	null（空值）	null 或 NULL（不区分大小写）

1. 使用标量数据类型存储一种数据

标量数据类型是数据结构中最基本的单元，只能存储一种数据，PHP 支持 4 种标量数据类型。

（1）整型（integer）

整型数据类型取值只能是整数，包括正整数、负整数和 0，不包含小数部分的数据。整型数据可以用十进制、八进制和十六进制表示。八进制整数前面必须加 0；十六进制整数前面必须加 0x。字长与操作系统有关，在 32 位操作系统中的有效范围是-2147483648 ～+2147483647。

示例：

```
$a=666;       //十进制
$b= -666;     //负整数
$c=0666;      //八进制
$d=0x666;     //十六进制
```

（2）浮点型（float/ double）

浮点数据类型可以存储整数和小数。字长与操作系统有关，在 32 位操作系统中的有效范围是 1.7e-308～1.7e+308。浮点型数据有两种书写格式，分别是标准格式和科学计数法格式。

示例：

```
7.369         //标准格式
7.369e6       //科学计数法格式
```

（3）布尔型（boolean）

布尔型也称逻辑型数据。取值范围为真值（true）或假值（false）。注意，在 PHP 中，true 的实际值为 1，false 的实际值为空。

示例：

```
$a = true;
$b = false;
```

（4）字符串型（string）

字符串是字符序列，如 "Hello, world!"。字符串可以是引号内的任何文本，可以使用单引号或双引号。

单引号：定义一个字符串最简单的方法是用单引号把它包围起来，要表达一个单引号自身，需在它的前面加个反斜线（\）来转义。要表达一个反斜线自身，则用两个反斜线（\\）。其他任何方式的反斜线都会被当成反斜线本身。

双引号：如果字符串是包围在双引号（"）中， PHP 将对如下的转义字符进行解析，用来表示被程序语法结构占用了的特殊字符，常见的转义字符见表 3-3。

表 3-3 常见的转义字符

转义字符	描述	转义字符	描述
\n	换行	\r	回车
\t	水平制表符	\v	垂直制表符
\e	Escape	\f	换页
\\	反斜线	\$	美元标记
\"	双引号	\[0-7]{1,3}	八进制来表达的字符
\x[0-9A-Fa-f]{1,2}	以十六进制表达字符		

示例：

```
$x=666;
echo '深圳欢迎你$x';         //输出：深圳欢迎你$x
echo "深圳欢迎你$x";         //输出：深圳欢迎你666
```

两者的不同之处是：单引号中包含的变量名称或者任何其他的文本都会不经修改地按普通字符串输出，而在双引号中所包含的变量会自动被替换成实际变量值。

【实例 3-2】 分别输出整型、浮点型和布尔型数据。

3.1.2
【实例 3-2】
【实例 3-3】
【实例 3-4】

【实现步骤】

1）启动 Adobe Dreamweaver CS6，创建符合 HTML5 标准的空白 PHP 页面，在"<body>"后输入以下 PHP 代码：

```
<?php
    $a1 = 135;        //十进制
    $a2 = 0135;       //八进制
    $a3 = 0x135;      //十六进制
    echo "整数135不同进制的输出结果如下:";
    echo "<br/>十进制的结果是： ". $a1;
    echo "<br/>八进制的结果是： ". $a2;
    echo "<br/>十六进制的结果是： ". $a3;
    $b1 = -13.5;
    $b2 = 13.57E-5;
    echo "<br/><br/>下面是浮点数的输出";
    echo "<br/> -13.5 的输出： ". $b1;
    echo "<br/>13.57E-5 的输出： ". $b2;
    $c1 = true;
    $c2 = false;
    echo "<br/><br/>下面是布尔型的输出";
    echo "<br/>true 的输出： ". $c1;
    echo "<br/>false 的输出： ". $c2;
?>
```

2）检查代码后，将文件保存到"C:\PHP\ch03\code0302.php"中，然后在浏览器地址栏中输入 http://localhost/ch03/code0302.php，按<Enter>键即可浏览页面运行结果，如图 3-2 所示。

图 3-2　整型、浮点型、布尔型数据

2. 使用复合数据类型存储多种数据

PHP 的复合数据类型是数组和对象。

（1）数组

数组是在一个变量中存储多个值。

示例：

```php
<?php
$cars=array("Volvo","BMW","SAAB");
print_f($cars);
?>
```

将输出如下结果：

```
Array([0]=> Volvo [1]=> BMW [2]=> SAAB)
```

有关数组的更多知识，将在本项目后面部分进行详细讲解。

（2）对象

对象是存储数据和有关如何处理数据的信息的数据类型。与 C++、Java 等面向对象编程语言类似，在 PHP 中声明一个对象之前，必须先使用 class 关键字来定义一个类，然后再使用 new 运算符来建立这个类的一个实例（instance），对象就是类的一个实例。类是包含属性和方法的结构。在类中定义数据类型，然后在该类的对象中使用此数据类型。

下列代码声明了一个 Student 类。

```
class Student
{
  var $name;
  var $id;
  var $sex;
  var $grade_chinese;
  var $grade_maths;
  var $grade_english;
  function grade_sum()
  {
     return $this -> grade_chinese + $this -> grade_maths + $this -> grade_english;
  }
}
```

使用 var 关键字来声明类的成员变量，使用 function 关键字来声明类的成员方法。在声明 student 类的一个对象时，需要使用 new 运算符来建立 Student 类的一个实例。下列代码声明了 Student 类的一个对象 stu_zhang。

```
$stu_zhang = new Student();
```

要存取对象的成员变量或函数时，使用下列方式。

```
$stu_zhang -> name = "张三";
$stu_zhang -> id = "2022010501";
$stu_zhang -> sex = "男";
$stu_zhang -> grade_chinese = 70;
```

```
$stu_zhang -> grade_maths = 90;
$stu_zhang -> grade_english = 80;
$stu_zhang -> grade_sum();  //调用对象$stu_zhang 中的grade_sum()函数
```

使用对象名称，后面加上一个"->"符号，再加上类的成员变量或成员方法的名称，可以指向这个成员变量或成员方法。

 注意：在对象名称的前面已经有$符号，所以成员变量名称的前面不需要再加上$符号。

如果要存取同一类中的成员变量，可以使用 this 关键字来代表类本身。例如：

```
function grade_sum()
{
  return $this -> grade_chinese + $this -> grade_maths + $this -> grade_english;
}
```

在 grade_sum()函数中的$this -> grade_chinese 就是成员变量$grade_chinese 的值，$this -> grade_maths 就是成员变量$grade_maths 的值，$this -> grade_english 就是成员变量$grade_english 的值。

将以上相关代码进行综合，可得到一个计算学生张三的语文、数学和英语成绩之和的 PHP 程序。

【实例 3-3】 计算学生张三的语文、数学和英语成绩之和的 PHP 面向对象程序实例。

【实现步骤】

1）启动 Adobe Dreamweaver CS6，创建符合 HTML5 标准的空白 PHP 页面，在"\<body\>"后输入以下 PHP 代码：

```
<?php
class Student
{
  var $name;
  var $id;
  var $sex;
  var $grade_chinese;
  var $grade_maths;
  var $grade_english;
  function grade_sum()
  {
    return $this -> grade_chinese + $this -> grade_maths + $this -> grade_english;
  }
}
$stu_zhang = new Student();
$stu_zhang -> name = "张三";
$stu_zhang -> id = "2022010501";
$stu_zhang -> sex = "男";
$stu_zhang -> grade_chinese = 70;
$stu_zhang -> grade_maths = 90;
$stu_zhang -> grade_english = 80;
```

```
            echo "姓名: ".$stu_zhang -> name.", 学号: ".$stu_zhang -> id.", 性别:
".$stu_zhang -> sex;
            echo "<br/>";
            echo "语文、数学、英语的成绩之和: ".$stu_zhang -> grade_sum();
        ?>
```

2）检查代码后，将文件保存到"C:\PHP\ch03\code0303.php"中，然后在浏览器地址栏中输入http://localhost/ch03/code0303.php，按<Enter>键即可浏览页面运行结果，如图 3-3 所示。

图 3-3　PHP 对象数据类型的举例

3．使用特殊数据类型处理特殊情况

特殊数据类型主要包括资源型和空值型。

（1）资源（resource）

资源是一种特殊的数据类型，用于表示一个 PHP 的外部资源，由特定的函数来建立和使用。任何资源在不需要使用时应及时释放。如果程序员忘记了释放资源，PHP 垃圾回收机制将自动回收资源。

（2）空值（NULL）

"空值"表示没有为该变量设置任何值。由于 NULL 不区分大小写，所以 null 和 NULL 是等效的。下列三种情况都表示空值。

- 尚未赋值。
- 被赋值为 null。
- 被 unset ()函数销毁的变量。

4．使用检测函数检测数据类型

PHP 为变量或常量提供了很多检测数据类型的函数，有了这些函数，用户就可以对不同类型的数据进行检测。数据类型检测函数见表 3-4。

表 3-4　数据类型检测函数

函数名	功能说明	示例
is_bool()	检测变量或常量是否为布尔类型	bool　is_bool($a);
is_string()	检测变量或常量是否为字符串类型	bool　is_string($a);
is_float/is_double()	检测变量或常量是否为浮点类型	bool　is_float($a); bool　is_double($a);
is_integer/is_int()	检测变量或常量是否为整型	bool　is_integer($a); bool　is_int($a);
is_numeric()	检测变量或常量是否为数字或数字字符串	bool　is_numeric($a);
is_null()	检测变量或常量是否为空值	bool　is_null($a);
is_array()	检测变量是否为数组类型	bool　is_array($a);
is_object()	检测变量是否为对象类型	bool　is_object($a);

【实例3-4】 检测数据类型函数的使用。
【实现步骤】

1）启动 Adobe Dreamweaver CS6，创建符合 HTML5 标准的空白 PHP 页面，在"<body>"后输入以下 PHP 代码：

```php
<?php
$a=135;
$b = false;
$c = "PHP 程序设计";
$d;
echo "变量 a 是否为整型："  . is_int($a) . "<br/>";
echo "变量 a 是否为布尔型：" . is_bool($a) . "<br/>";
echo "变量 b 是否为布尔型：" . is_bool($b) . "<br/>";
echo "变量 c 是否为字符串型：" . is_string($c) . "<br/>";
echo "变量 d 是否为整型：" . is_int($d) . "<br/>";
?>
```

2）检查代码后，将文件保存到"C:\PHP\ch03\code0304.php"中，然后在浏览器地址栏中输入 http://localhost/ch03/code0304.php，按<Enter>键即可浏览页面运行结果，如图 3-4 所示。

图 3-4　检测变量的数据类型

5. 数据类型的转换

PHP 变量属于松散的数据类型，在定义 PHP 变量时不需要指定数据类型，数据类型是由赋给变量或常量的值自动确定的。当不同数据类型的变量或常量之间进行运算时，需要先将变量或常量转换成相同的数据类型，再进行运算。PHP 数据类型转换分为自动类型转换和强制类型转换。

自动类型转换是指 PHP 预处理器根据运算需要，自动将变量转换成合适的数据类型再进行运算。例如，浮点数在与整数进行算术运算时，PHP 预处理器会先将整数转换成浮点数，然后再进行算术运算。

强制类型转换是指程序员通过编程手段强制将某变量或常量的数据类型转换成指定的数据类型。PHP 提供了 3 种强制类型转换的方法。

1）在变量前面加上一个小括号，然后把目标数据类型写在小括号中，见表 3-5。

表 3-5 第一种数据类型转换函数

函数名	功能说明	示例
(bool)	强制转换成布尔型	$b=(bool)$a;
(string)	强制转换成字符串类型	$b=(string)$a
(int)	强制转换成整型	$b=(int)$a;
(float)	强制转换成浮点型	$b=(float)$a;
(array)	强制转换成数组	$b=(array)$a;
(object)	强制转换成对象	$b=(object)$a;

2）使用通用类型转换函数 settype()，语法格式如下：

```
bool settype (变量名, "数据类型");
```

变量名，即要转换数据类型的变量；数据类型，即要转换的目标数据类型，取值范围为 int、float、string、array、bool、null 等；bool，即函数执行成功则返回 true，否则返回 false。

3）使用类型转换函数 intval()、floatval()、strval()，见表 3-6。

表 3-6 第三种数据类型转换函数

函数名	功能说明	示例
intval()	强制转换成整型	$b = intval($a) ;
floatval()	强制转换成浮点型	$b = floatval($a) ;
strval()	强制转换成字符串类型	$b=strval($a);

数据类型转换注意事项有以下几方面。

- 转换为布尔型：空值 null、整数 0、浮点数 0_0、字符串"0"、未赋值的变量或数组都会被转换成 false，其他的为 true。
- 转换为整型：布尔型的 false 转为 0，true 转为 1；浮点数的小数部分会被舍去；以数字开头的字符串截取到非数字位，否则为 0。
- 字符串转换为数值型：当字符串转换为整型或浮点型时，如果字符是以数字开头的，就会先把数字部分转换为整型，再舍去后面的字符串，如果数字中含有小数点，则会取到小数点前一位。

3.1.3 PHP 的常量

常量是指在程序运行过程中始终保持不变的数据。常量的值被定义后，在程序的整个执行期间，这个值都有效，不需要也不可以再次对该常量进行赋值。PHP 提供两种常量，分别是系统预定义常量和自定义常量。

3.1.3
PHP 的常量

1. PHP 常量的声明和使用

常量是单个值的标识符（名称），在脚本中无法改变该值。有效的常量名以字符或下画线开头（常量名称前面没有 $ 符号）。与变量不同，常量贯穿整个脚本，是自动全局的。

程序员在开发过程中不仅可以使用 PHP 预定义常量，也可以自己定义和使用常量。

1）使用 define ()函数定义常量，语法格式如下。

```
define("常量名称", "常量值", 大小写是否敏感);
```

"大小写是否敏感"为可选参数,指定是否大小写敏感,设定为 true 表示不敏感,默认大小写敏感,即默认为 false。

大小写敏感情况下的示例:

```php
<?php
    define("LOGO", "Welcome to Shenzhen!");   // 定义对大小写敏感的常量,默认情况
    echo LOGO;
    echo "<br>";
    echo logo;                                // 不会输出常量的值
?>
```

运行结果如下:

```
Welcome to Shenzhen!
logo
```

大小写不敏感情况下的示例:

```php
<?php
    define("LOGO", "Welcome to Shenzhen!", true);  // 定义对大小写不敏感的常量
    echo LOGO;
    echo "<br>";
    echo logo;                                     // 会输出常量的值
?>
```

运行结果如下:

```
Welcome to Shenzhen!
Welcome to Shenzhen!
```

2)使用 defined ()函数判断常量是否已经被定义,语法格式如下:

```
bool defined (常量名称) ;
```

说明:如果该常量已被定义,则返回 true,否则返回 false。

3)常量是全局的。常量是自动全局的,而且可以贯穿整个脚本使用。下面的例子在函数内使用了一个常量,即使它在函数外定义:

```php
<?php
define("LOGO", "Welcome to Shenzhen!");
function myTest()
{
    echo LOGO;
}
myTest();
?>
```

运行结果如下:

```
Welcome to Shenzhen!
```

2. PHP 的预定义常量

PHP 中提供了大量预定义常量,用于获取 PHP 中相关系统参数信息,但不能任意更改这

些常量的值。有些常量是由扩展库所定义的，只有加载了相关扩展库才能使用。常用 PHP 预定义常量见表 3-7。

表 3-7　常用 PHP 预定义常量

常量名称	功能
__FILE__	返回当前文件所在的完整路径和文件名
__LINE__	返回代码当前所在行数
PHP_VERSION	返回当前 PHP 程序的版本
PHP_OS	返回 PHP 解释器所在操作系统名称
TRUE	真值 true
FALSE	假值 false
NULL	空值 null
E_ERROR	指到最近的错误处
E_WARNING	指到最近的警告处
E_PARSE	指到解释语法有潜在问题处
E_NOTICR	提示发生不寻常，但不一定是错误处

注意：常量"__FILE__"和"__LINE__"中字母前后分别都是两个下画线符号"_"。

【实例 3-5】　使用系统预定义常量输出 PHP 相关系统参数信息。

【实现步骤】

1）启动 Adobe Dreamweaver CS6，创建符合 HTML5 标准的空白 PHP 页面，在"<body>"后输入以下 PHP 代码：

```php
<?php
  echo "当前操作系统为：". PHP_OS;
  echo "<br/>当前 PHP 版本为：". PHP_VERSION;
  echo "<br/>当前文件路径为：". __FILE__ ;
  echo "<br/>当前行数为：". __LINE__ ;
  echo "<br/>当前行数为：". __LINE__ ;
?>
```

3.1.3
【实例3-5】

2）检查代码后，将文件保存到"C:\PHP\ch03\code0305.php"中，然后在浏览器地址栏中输入 http://localhost/ch03/code0305.php，按<Enter>键即可浏览页面运行结果，如图 3-5 所示。

图 3-5　使用预定义常量获取 PHP 信息

3.1.4 PHP 的变量

变量是存储信息的容器,用于存储临时数据信息,通过变量名实现内存数据的存取操作。定义变量时,系统会自动为该变量分配一个存储空间来存放变量的值,变量名是这个空间的地址。

3.1.4 PHP 的变量

1. PHP 变量的声明和使用

PHP 变量用一个美元符号后面跟变量名来表示,变量名是区分大小写的。变量的命名规则与标识符相同,由于 PHP 是弱类型语言,所以变量不需要先声明,就可以直接进行赋值使用。

变量的命名规则如下。
- 变量以$符号开头,其后是变量的名称。
- 变量名称必须以字母或下画线开头。
- 变量名称不能以数字开头。
- 变量名称只能包含字母数字字符和下画线(A~z、0~9,以及_)。
- 变量名称对大小写敏感($y 与$Y 是两个不同的变量)。

声明变量的语法格式如下。

```
$变量名=变量值;
```

变量赋值就是为变量赋予具体的数据值。变量赋值有 3 种方式,分别是直接赋值、传值赋值和引用赋值。

(1)直接赋值

直接赋值就是使用赋值运算符"="直接将数据值赋给某变量。

示例:

```
$a = 135;              //整型
$b = 135.79;           //浮点型
$c = "how are you";    //字符串型
$d = true;             //布尔型
```

(2)传值赋值

传值赋值就是使用赋值运算符"="将一个变量的值赋给另一个变量。值得注意的是,此时修改一个变量的值不会影响另一个变量。

示例:

```
$a = 135;
$b = $a;     //传值赋值
$a = 200;
```

变量传值赋值的工作原理如下。
- 定义一个变量 a 并赋值 135,此时内存为 a 分配一个空间,存储值为 135。
- 定义一个变量 b,然后将变量 a 的值 135 赋给变量 b,此时内存为 b 分配一个空间,存储值 135。
- 修改变量 a 的值为 200,此时内存找到 a 的空间,将它的值修改为 200;而变量 b 的值并不会随之改变。

（3）引用赋值

引用允许用两个变量指向同一个内容，引用赋值也称传地址赋值。使用引用赋值，简单地将一个&符号加到将要赋值的变量前来实现将一个变量的地址传递给另一个变量，即两个变量共同指向同一个内存地址，两个变量使用的是同一个值。

示例：

```
$a = 135;
$b = &$a;     //引用赋值
$a = 200;
```

变量引用赋值的工作原理如下。
- 定义一个变量a并赋值135，此时内存为a分配一个空间，存储值为135。
- 定义一个变量b，然后将变量a的地址赋给变量b，此时内存将变量b指向变量a的地址，即变量a与变量b指向的是同一个地址。
- 修改变量a或变量b的值为200，此时内存中修改同一地址的值。

【实例3-6】 实现变量的引用赋值：先定义一个变量a并赋值135，接着定义一个变量b，然后将变量a的地址传递给变量b，此时变量a与变量b指向的是同一个地址，修改变量a的值就是修改变量b的值。

3.1.4
【实例3-6】
【实例3-7】

【实现步骤】

1）启动Adobe Dreamweaver CS6，创建符合HTML5标准的空白PHP页面，在"<body>"后输入以下PHP代码：

```php
<?php
$a = 135;
$b = &$a;         //引用赋值，将变量a的地址传递给变量b
echo "变量a的值是：" .$a;
echo "<br/>变量b的值是：" .$b;
$a = 200;
echo "<br/>修改变量a之后<br/>";
echo "变量a的值是：" .$a;
echo "<br/>变量b的值是：" .$b;
?>
```

2）检查代码后，将文件保存到"C:\PHP\ch03\code0306.php"中，然后在浏览器地址栏中输入http://localhost/ch03/code0306.php，按<Enter>键即可浏览页面运行结果，如图3-6所示。

图3-6　实现引用赋值

2. PHP 的可变变量

可变变量是一种特殊的变量，这种变量的名称由另一个变量的值来确定，也就是用一个变量的"值"作为另一个变量的"名"。声明可变变量的方法是在变量名称前面加两个"$"符号，语法格式如下：

```
$$可变变量名称=可变变量的值；
```

【实例 3-7】 实现可变变量的应用。

【实现步骤】

1）启动 Adobe Dreamweaver CS6，创建符合 HTML5 标准的空白 PHP 页面，在"<body>"后输入以下 PHP 代码：

```php
<?php
  $a="zs";
  $$a="ls";
  echo '变量$a 的值是：'.$a;
  echo '<br/>变量$$a 的值是：'.$$a;
  echo '<br/>变量$zs 的值是：'.$zs;
?>
```

2）检查代码后，将文件保存到"C:\PHP\ch03\code0307.php"中，然后在浏览器地址栏中输入 http://localhost/ch03/code0307.php，按<Enter>键即可浏览页面运行结果，如图 3-7 所示。

图 3-7　PHP 可变变量的应用

3. PHP 变量的作用域

在 PHP 程序的任何位置都可以声明变量，但变量是有作用范围的，声明变量的位置会大大影响访问变量的范围，这个可以访问的范围称为作用域。变量的作用域就是指变量在哪些地方可以被使用，在哪些地方不能被使用。一般情况下，变量的作用范围是包含变量的 PHP 程序块。

PHP 中的变量按其作用域的不同主要分为 3 种，分别为局部变量、全局变量和静态变量。

（1）局部变量

在函数内部声明的变量就是局部变量，它保存在内存的栈中，所以速度很快。其作用域是所在函数，即从定义变量的语句开始到函数末尾。在函数之外无效，而且在函数调用结束后被系统自动回收。

（2）全局变量

全局变量是指在所有函数之外定义的变量，其作用域是整个 PHP 文件，即从定义变量的语句开始到文件末尾，但在函数内无效。

如果要在函数内部访问全局变量，要使用 GLOBAL 关键词声明，其语法格式如下：

```
global $变量名；
```

（3）静态变量

无论是全局变量还是局部变量，在调用结束后，该变量值将会失效。但有时仍然需要该变量，此时就需要将该变量声明为静态变量。静态变量在函数退出时不会丢失值，并且再次调用此函数时还能保留这个值。声明静态变量只需在变量前加 static 关键字即可，语法格式如下：

```
static $变量名=变量值；
```

4．PHP 变量的生存周期

变量不仅有其特定的作用范围，还有其存活的周期，即生命周期。变量的生命周期指的是变量可被使用的一个时间段，在这个时间段内变量是有效的，一旦超出这个时间段变量就会失效，就不能够再访问到该变量的值了。

PHP 对变量的生命周期有如下规定：

局部变量的生命周期为其所在函数被调用的整个过程。当局部变量所在的函数结束时，局部变量的生命周期也随之结束。

全局变量的生命周期为其所在的".php"文件被调用的整个过程。当全局变量所在的文件结束调用时，则全局变量的生命周期结束。

3.1.5　PHP 的运算符

运算符是一些用于将数据按一定规则进行运算的特定符号的集合。运算符所操作的数据被称为操作数，运算符和操作数连接并可运算出结果的式子被称为表达式。PHP 的运算符分为 10 类，包括算术运算符、字符串运算符、赋值运算符、自增自减运算符、位运算符、逻辑运算符、比较运算符、条件运算符、错误控制运算符、执行运算符，见表 3-8。

3.1.5
PHP 的运算符

表 3-8　PHP 运算符

运算符名称	运算符	运算符名称	运算符
算术运算符	+、-、*、/、%	逻辑运算符	&&(and)、||(or)、xor、！(not)
字符串运算符	.	比较运算符	<、>、<=、>=、==、===、!=
赋值运算符	=、+=、-=、*=、/=、%=、.=	条件运算符	？：
自增自减运算符	++、--	错误控制运算符	@
位运算符	&、|、^、<<、>>、~	执行运算符	``

1．算术运算符

算术运算符用于处理算术运算操作，PHP 中常用的算术运算符见表 3-9。

表 3-9　常用算术运算符

运算符	功能说明	示例
+	加法运算	$a+$b
-	减法运算 也可以作为一元操作符使用，表示负数	$a-$b -$b
*	乘法运算	$a*$b
/	除法运算	$a/$b
%	求余运算	$a%$b

【实例 3-8】 实现算术运算符的应用，从页面取两个数进行加法运算。

【实现步骤】

1）启动 Adobe Dreamweaver CS6，创建符合 HTML5 标准的空白 PHP 页面，在"<body>"后输入以下 PHP 代码：

```
<form action="code0308.php" method="post">
请输入第一个数：<input type="text" name="txt_num1" /><br/><br/>
请输入第二个数：<input type="text" name="txt_num2" /><br/><br/>
<input type="submit" name="btn_save" value="加法运算" />
</form>
<?php
    if(!empty($_POST['btn_save']))          //判断提交按钮是否提交了数据
    {
        if(!empty($_POST['txt_num1']))      //判断是否输入了数据
        {
            $a=$_POST['txt_num1'];          //定义变量 a 并赋值
            $b=$_POST['txt_num2'];          //定义变量 b 并赋值
            echo "<br/>两个数相加结果为：". ($a+$b);
        }
    }
?>
```

2）检查代码后，将文件保存到"C:\PHP\ch03\code0308.php"中，然后在浏览器地址栏中输入 http://localhost/ch03/code0308.php，按<Enter>键显示运行页面，再分别输入任意两个数，单击"加法运算"按钮，即可浏览页面运行结果，如图 3-8 所示。

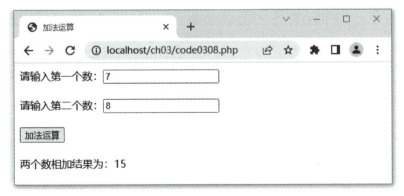

图 3-8 加法运算

2．字符串运算符

PHP 中字符串运算符只有一个，就是英文句号"．"，用于将两个字符串连接起来，结合成一个新的字符串，语法格式如下：

```
$c = $a. $b;
```

3．赋值运算符

赋值运算符主要用于处理表达式的赋值操作，先将右边表达式进行运算，再将结果值赋给左边的变量。赋值运算符分为简单赋值运算符和复合赋值运算符，简单赋值运算符为=，复合赋值运算符包括+=、-=、*=、/=、%=、.=等，详细说明见表3-10。

表 3-10 赋值运算符

名称	运算符	功能说明	示例	完整形式
简单赋值	=	将右边的值赋给左边	$a=12;	$a=12;
加法赋值	+=	将右边的值加到左边	$a+=12;	$a=$a+12;
减法赋值	-=	将左边的值减右边的值	$a-=12;	$a=$a-12;
乘法赋值	*=	将右边的值乘以左边的值	$a*=$b;	$a=$a*$b;
除法赋值	/=	将左边的值除以右边的值	$a/=$b;	$a=$a/$b;
取余赋值	%=	将左边的值对右边取余数	$a%=$b;	$a=$a%$b;
连接字符	.=	将右边的字符加到左边	$a.=$b;	$a=$a. $b;

4．自增自减运算符

自增运算符"++"和自减运算符"--"属于特殊的算术运算符，它们用于对数值型数据进行操作。不过自增和自减运算符的运算对象是单操作数，使用"++"或"--"运算符，根据书写位置不同，又分为前置自增（减）运算符和后置自增（减）运算符，见表3-11。

表 3-11 自增（减）运算符

示例	名称	功能说明
++$a	前加	$a 的值加 1，然后返回$a
$a++	后加	返回$a，然后$a 的值加 1
--$a	前减	$a 的值减 1，然后返回$a
$a--	后减	返回$a，然后$a 的值减 1

5．位运算符

PHP 中的位运算符主要用于整数的运算，运算时先将整数转换为相应的二进制数，然后再对二进制数进行运算，PHP 中的位运算符见表3-12。

表 3-12 位运算符

运算符	功能说明	示例	示例说明
&	与运算，按位与	$a&$b	0&0=0, 0&1=0, 1&0=0, 1&1=1
|	或运算，按位或	$a\|$b	0|0=0, 0|1=1, 1|0=1, 1|1=1
^	异或运算，按位异或	$a^$b	0^0=0, 0^1=1, 1^0=1, 1^1=0
~	非运算，按位取反	~$a	~0=1,~1=0
>>	向右移位	$a>>$b	
<<	向左移位	$a<<$b	

6．逻辑运算符

逻辑运算符用于处理逻辑运算操作，对布尔型数据或表达式进行操作，并返回布尔型结果。PHP 的逻辑运算符见表3-13。

表 3-13 逻辑运算符

运算符	案例		意义
逻辑与	&&	$m && $n	当$m 和$n 都为 true 时，返回 true，否则返回 false
	and	$m and $n	
逻辑或	||	$m || $n	当$m 和$n 有一个及以上为 true 时，返回 true，否则返回 false
	or	$m or $n	
逻辑异或	xor	$m xor $n	当$m 与$n 中只有一个值为 true，返回 true，否则返回 false
逻辑非	!	!$m	当$m 为 true 时，返回 false；当$m 为 false 时，返回 true

7. 比较运算符

比较运算符用于对两个数据或表达式的值进行比较，比较结果是一个布尔类型值。PHP 中的比较运算符如表 3-14 所示。

表 3-14 比较运算符

运算符	名称	案例	说明
<	小于	$a < $b	如果$a 的值小于$b 的值，返回 true，否则返回 false
>	大于	$a > $b	如果$a 的值大于$b 的值，返回 true，否则返回 false
<=	小于等于	$a <= $b	如果$a 的值小于或等于$b 的值，返回 true，否则返回 false
>=	大于等于	$a >= $b	如果$a 的值大于或等于$b 的值，返回 true，否则返回 false
==	相等	$a == $b	如果$a 的值等于$b 的值，返回 true，否则返回 false
!=	不相等	$ a!= $b	如果$a 的值不等于$b 的值，返回 true，否则返回 false
===	全相等	$a === $b	当$a 和$b 值相等且数据类型相同，返回 true，否则返回 false
!==	不全等	$a !== $b	当$a 和$b 值不相等或数据类型不相同，返回 true，否则返回 false

8. 条件运算符

条件运算符也称为三元运算符，提供简单的逻辑判断，语法格式如下：

表达式 1?表达式 2:表达式 3;

说明：如果表达式 1 的值为 true，则执行表达式 2，否则执行表达式 3。

示例：

$c=($a>$b)?$a:$b;

说明：判断变量$a 是否大于变量$b，如果判断结果为 true，就将变量$a 的值赋给变量$c，否则将变量$b 的值赋给变量$c。

9. 错误控制运算符

PHP 支持一个错误控制运算符：@。当将其放置在一个 PHP 表达式之前，该表达式可能产生的任何错误信息都被忽略掉。

错误控制运算符@只对表达式有效。一个简单的规则就是：如果能从某处得到值，就能在它前面加上@运算符。示例，可以把它放在变量、函数和 include 调用、常量等之前。不能把它放在函数或类的定义之前，也不能用于条件结构示例 if 和 foreach 等。

10. 执行运算符

PHP 支持一个执行运算符：一对反引号"` `"，注意这不是单引号。PHP 将把运算符内的字符作为操作系统命令来执行，其作用与 PHP 内置函数 shell_exec() 的效果相同。反引号运算符在激活了安全模式或者关闭了 shell_exec() 时是无效的。

示例：

```php
<?php
$output = `ipconfig`;
echo "<pre>$output</pre>";
?>
```

该代码将把反引号"` `"运算符内的字符 ipconfig 作为操作系统命令来执行。

11. 运算符的优先级

结合性，从左至右运算，赋值运算先右后左。

表 3-15 从高到低列出了运算符的优先级。同一行中的运算符具有相同优先级，此时它们的结合方向决定求值顺序，必要时可以用括号来强制改变优先级，从而增加可读性。

表 3-15 运算符的优先级

结合方向	运算符
非结合	new
左	[
非结合	++ --
非结合	~ - (int) (float) (string) (array) (object) (bool) @
非结合	instanceof
右结合	!
左	* / %
左	+ - .
左	<< >>
非结合	< <= >= >
非结合	== != === !==
左	&
左	^
左	|
左	&&
左	||
左	?:
右	= += -= *= /= .= %= &= |= ^= <<= >>=
左	and
左	xor
左	or
左	,

3.2 PHP 的函数

函数是一种可以在程序中重复使用的代码块。在程序开发中，使用函数不仅可以有效提高程序的重用性，提高开发效率，还可以提高软件的可维护性和可靠性。

3.2
PHP 的函数

本节将介绍 PHP 中函数的概念与使用。

3.2.1 PHP 的自定义函数

下面介绍函数的定义、调用及返回值。

1. 函数的定义

在系统开发过程中，经常要重复某些操作或处理，如果每次都要重复编写代码，不仅工作量加大，还会使程序代码冗余、可读性差，项目后期的维护及运行也受到影响，因此需要引入函数。所谓函数，就是将一些重复使用到的功能写在一个独立的程序块中，在需要时以便单独调用。

PHP 函数分为系统内置函数和用户自定义函数两种。PHP 的真正力量来自它的函数，它拥有 1000 多个内置函数。除了内置的 PHP 函数，程序员还可以创建自定义函数。

自定义函数的语法格式如下：

```
function 函数名($str1,$str2, …)
{
  函数体;
  return 返回值;
}
```

参数说明如下。
- function：声明自定义函数的关键字，大小写不敏感。
- $str1, $str2, …：函数的形式参数列表。

PHP 中的函数命名应遵循以下规则。
- 不能与内置函数名或 PHP 关键字重名。
- 函数名不区分大小写，但建议按照大小写规范进行命名和调用。
- 函数名只能以字母开头，不能由下画线和数字开头，不能使用点号和中文字符。
- 函数名应该能够反映函数所执行的任务。

2. 函数的调用

页面加载时函数不会立即执行，函数只有在被调用时才会执行。函数的调用可以在函数定义之前或之后，调用函数的语法格式如下：

```
函数名(实际参数列表);
```

【实例 3-9】 用自定义函数的方法求两个数的和。

【实现步骤】

1）启动 Adobe Dreamweaver CS6，创建符合 HTML5 标准的空白 PHP 页面，在"<body>"

后输入以下 PHP 代码：

```php
<?php
  function add($a,$b)          //定义函数
  {
    return $a + $b;            //计算并返回结果
  }
  $c = add(135, 200);          //调用函数
echo "Sum=".$c;
?>
```

2）检查代码后，将文件保存到"C:\PHP\ch03\code0309.php"中，然后在浏览器地址栏中输入 http://localhost/ch03/code0309.php，按<Enter>键即可浏览页面运行结果，如图 3-9 所示。

图 3-9 用函数的方法求两个数的和

3. 函数的返回值

函数将返回值传递给调用者的方式是使用关键字 return。

示例：

```php
<?php
function sum($x,$y) {
    $z=$x+$y;
    return $z;
}
echo "5 + 10 = " . sum(5,10) . "<br>";
echo "7 + 13 = " . sum(7,13) . "<br>";
echo "2 + 4 = " . sum(2,4);
?>
```

以上代码三次调用函数 sum($x,$y)，并分别返回三次求和的结果。

3.2.2 PHP 函数的参数

函数的使用经常需要用到参数，参数可以将数据传递给函数。在调用函数时需要输入与函数的形式参数个数和类型相同的实际参数，实现数据从实际参数到形式参数的传递。参数传递方式有值传递、引用传递和默认参数 3 种。

1. 值传递

值传递是指将实际参数的值复制到对应的形式参数中，然后使用形式参数在被调用函数内部运行，运算的结果不会影响到实际参数，即函数调用结束后，实际参数的值不会发生改变。

【实例 3-10】 实现函数参数的值传递调用，注意比较函数调用是否对实际参数造成影响。

【实现步骤】

1）启动 Adobe Dreamweaver CS6，创建符合 HTML5 标准的空白 PHP 页面，在"<body>"后输入以下 PHP 代码：

```php
<?php
function fun1($a)                                //定义函数
{
  $a=$a*$a;
  echo "<br/>自定义函数内形参a的值：".$a;        //输出形参的值
}
$a =10;
echo "<br/>调用函数前，函数外变量a的值：".$a;    //函数调用前
fun1($a);                                        //调用函数，此处传递的是值
echo "<br/>调用函数后，函数外实参a的值：".$a;    //函数调用后，实参值不变
?>
```

2）检查代码后，将文件保存到"C:\PHP\ch03\code0310.php"中，然后在浏览器地址栏中输入 http://localhost/ch03/code0310.php，按<Enter>键即可浏览页面运行结果，如图 3-10 所示。

图 3-10　函数参数值传递调用

2. 引用传递

引用传递也称为按地址传递，就是将实际参数的内存地址传递到形式参数中。此时被调用函数内形式参数的值若发生改变，则实际参数也发生相应改变，定义函数时，在形式参数前面加上&符号，引用传递的语法格式如下：

```
function 函数名(&$str1 , &$str2 ,…)    //定义函数
{…}
函数名( $a1, $a2 ,…) ;                 //调用函数
```

【实例 3-11】　实现函数参数的引用传递调用，比较函数调用是否对实际参数造成影响。

【实现步骤】

1）启动 Adobe Dreamweaver CS6，创建符合 HTML5 标准的空白 PHP 页面，在"<body>"后输入以下 PHP 代码：

```php
<?php
function fun1(&$a)                              //定义函数
{
  $a=$a*$a;
  echo "<br/>自定义函数内形参a的值：".$a;      //输出形参的值
```

```
    }
    $a =10;
    echo "<br/>调用函数前，函数外变量 a 的值：".$a;        //函数调用前
    fun1($a);                                              //调用函数，此处传递的是地址
    echo "<br/>调用函数后，函数外实参 a 的值：".$a;        //函数调用后，实参值发生改变
?>
```

2）检查代码后，将文件保存到"C:\PHP\ch03\code0311.php"中，然后在浏览器地址栏中输入 http://localhost/ch03/code0311.php，按<Enter>键即可浏览页面运行结果，如图 3-11 所示。

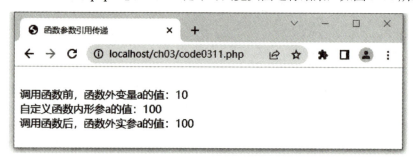

图 3-11　函数参数引用传递调用

3. 默认参数

默认参数也称可选参数，在定义函数时可以指定某个参数为可选参数，将可选参数放在参数列表末尾，并且指定其默认值，默认值可以在函数调用时进行更改。

示例：

```
function add($a, $b=10)     //定义函数
{return $a+$b;}
add(30,48);                 //调用函数时，为默认参数赋值，执行结果为 78
add(30);                    //调用函数时，没有给默认参数赋值，执行结果为 40
```

第一个 add(30,48)表示调用函数时，为默认参数赋值，执行结果为 78；第二个 add(30)表示调用函数时，没有给默认参数赋值，则直接使用默认参数的值$b=10，执行结果为 40。

3.2.3　PHP 的内置函数

PHP 的内置函数在 PHP 引擎中，程序员在编写程序时可以直接调用。PHP 内置函数又可以分为标准函数库和扩展函数库，标准函数库中的函数存放在 PHP 内核中，可以在程序中直接使用，扩展函数库中的函数被封装在相应的 DLL 文件中。

1. 变量函数库

PHP 变量函数库提供了一系列用于变量处理的函数，常用的 PHP 变量函数见表 3-16。

表 3-16　常用的 PHP 变量函数

函数	说明	函数	说明
empty()	检测变量是否为空	isset()	检测变量是否被赋值
gettype()	获取变量的类型	unset()	销毁变量
is_int()	检测变量是否为整数		

2. 字符串函数库

PHP 提供了大量的字符串处理函数，可以帮助用户完成许多复杂的字符串处理工作，在实际开发中有着非常重要的作用。常用的 PHP 字符串函数见表 3-17。

表 3-17 普通的 PHP 字符串函数

名称	作用
chunk_split()	将字符串分割成小块
chr()	返回指定的字符
echo()	输出一个或多个字符串
explode()	使用一个字符串分割另一个字符串
lcfirst()	使一个字符串的第一个字符小写
ltrim()	删除字符串开头的空白字符（或者其他字符）
money_format()	将数字格式化成货币字符串
parse_str()	将字符串解析成多个变量
printf()	输出格式化字符串
rtrim()	删除字符串末端的空白字符（或者其他字符）
str_repeat()	重复一个字符串
str_replace()	子字符串替换
strlen()	获取字符串长度
strrev()	反转字符串
strtolower()	将字符串转化为小写
strtoupper()	将字符串转化为大写
substr()	返回字符串的子串
md5()	用 md5 算法对字符串进行加密
ltrim()	删除字符串左侧的连续空白
trim()	删除字符串右侧的连续空白

3. 日期时间函数

PHP 提供了实用的日期时间处理函数，可以帮助用户完成对日期和时间的各种处理工作。常用的 PHP 日期时间函数见表 3-18。

表 3-18 常用的 PHP 日期时间函数

函数	说明
checkdate()	验证日期的有效性
date()	格式化一个本地时间或日期
getdate()	取得日期/时间信息
gettimeofday()	取得当前时间
localtime()	取得本地时间
time()	返回当前的 UNIX 时间戳

4. PHP 数学函数库

PHP 提供了实用的数学处理函数，可以帮助用户完成对数学运算的各种操作。常用的 PHP 数学函数见表 3-19。

表 3-19　常用的 PHP 数学函数

函数	说明	函数	说明
rand()	产生一个随机数	abs()	返回绝对值
max()	比较最大值	ccil()	进一法取整
min()	比较最小值	floor()	舍去法取整

5. PHP 文件目录函数库

PHP 提供了大量的文件及目录处理函数，可以帮助用户完成对文件和目录的各种处理操作，常用的 PHP 文件目录函数见表 3-20。

表 3-20　常用的 PHP 文件目录函数

函数	说明
copy()	复制文件到其他目录
file_exists()	判断指定的目录或文件是否存在
basename()	返回路径中的文件名部分
file_put_contents()	将字符串写入指定的文件中
file()	把整个文件读入数组中，数组各元素值对应文件的各行
fopen()	打开本地或远程的某文件，返回该文件的标志指针
fread()	从文件指针所指文件中读取指定长度的数据
fcolse()	关闭一个已打开的文件指针
is_dir()	如果参数为目录路径且该目录存在，则返回 true，否则返回 false
mkdir()	新建一个目录
move_uploaded_file()	将上传的文件移动到新位置，成功返回 true，否则返回 false
readfile()	读取一个文件，将读取的内容写入输出缓冲
rmdir()	删除指定目录，成功返回 true，否则返回 false
unlink()	删除指定文件，成功返回 true，否则返回 false
disk_free_space()	返回指定目录的可用空间
filetype()	获取文件类型
filesize()	获取文件大小

【实例 3-12】　使用 rand() 函数生成一个随机数。

【实现步骤】

1）启动 Adobe Dreamweaver CS6，创建符合 HTML5 标准的空白 PHP 页面，在 "<body>" 后输入以下 PHP 代码：

```php
<?php
  $num="";                        //定义变量，用于存放随机数
  for($i=0; $i<5; $i++)           //循环读取随机数，将循环 5 次，生成 5 位随机数
  {
    $j = rand(0,9);               //每次生成一个 0～9 的随机数字
    $num =$num . $j;              //将生成的随机数字拼接到变量$num 中
  }
  echo "本次生成的随机数是：".$num;    //打印生成的随机数
?>
```

2）检查代码后，将文件保存到"C:\PHP\ch03\code0312.php"中，然后在浏览器地址栏中输入 http://localhost/ch03/code0312.php，即可浏览页面运行结果，如图 3-12 所示。

图 3-12　生成 5 位随机数

3.3　PHP 的数组

数组是对大量数据进行组织和管理的有效手段之一，通过数组的强大功能，可以对大量性质相同的数据进行存储、排序、插入及删除等操作，从而有效地提高程序开发效率及改善程序的编写方式。本节将介绍 PHP 数组的相关知识。

3.3.1　PHP 数组概述

数组是一组相同类型数据连续存储的集合，这一组数据在内存中的空间是相邻的，每个空间存储了 1 个数组元素，如图 3-13 所示，它展示了一个数组名称为$arr，包含 n 个元素的数组。

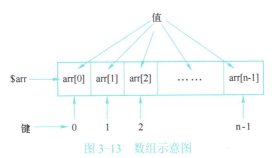

图 3-13　数组示意图

数组中的数据称为数组元素，每个元素包含一个"键"和一个"值"，通过"键=>值"的形式表示，其中，"键"是数组元素的识别名称，也被数组称为数组下标，"值"是数组元素的内容。"键"和"值"之间使用"=>"连接，数组各个元素之间使用逗号","分隔，最后一个元素后面的逗号可以省略。例如：

　　　　$arr = array("0"=>arr[0], "1"=>arr[1], "2"=>arr[2], …, "n-1"=>arr[n-1]);

数组根据"键"的数据类型，可分为索引数组和关联数组。索引数组是"键"为整型的数组，默认下标从 0 开始，也可以自己指定，如图 3-14 所示。

而关联数组是"键"为字符串的数组，如图 3-15 所示。

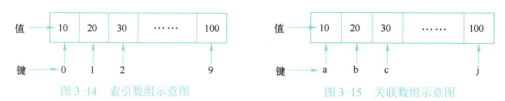

图 3-14 索引数组示意图　　　　图 3-15 关联数组示意图

需要说明的是,数组中只要有一个键不是数字,该数组就是关联数组。

具有相同类型的数据可以存储在数组中,正如志同道合的人相聚成群。

3.3.2 PHP 数组的使用

下面将从数组的定义、赋值和遍历三个方面来阐述 PHP 数组的使用。

1. 数组的定义

在使用数组前,首先需要定义数组。PHP 中通常使用如下两种方法定义数组。

(1) 使用赋值方式定义数组

使用赋值方式定义数组就是创建一个数组变量,然后使用赋值运算符直接给变量赋值,语法格式如下:

```
$数组名[键1]=元素值1;
$数组名[键2]=元素值2;
```

数组键名(下标)可以是数字也可以是字符串,每个键都对应着数组元素在数组中的位置,元素值可以是任何值。索引数组的键默认从 0 开始依次递增,而关联数组的键需要每次指定。

(2) 使用 array() 函数定义数组

使用 array() 函数定义数组就是将数组的元素作为参数,"键"和"值"之间用"=>"连接,各元素之间用逗号","隔开,语法格式如下:

```
$数组名=array("键1"=>"值1","键2"=>"值2",…,"键n"=>"值n");
```

示例:

```
$season=arrar("春天","夏天","秋天","冬天");   //索引数组
$info=array("id"=>"001","name"="张三","age"="12","class"="6年级6班"); //关联数组
```

在定义数组时,需要注意以下三点。

- 数组元素的"键"只有整型和字符串两种类型,如果有其他类型,则进行类型转换。
- 在 PHP 中,合法的整数值"键"会自动转换为整型"键"。
- 若数组存在相同的"键",后面的元素值会覆盖前面的元素值。

2. 数组的赋值

索引数组的赋值较简单,根据键对数组元素进行赋值和取值,键由数字组成,从 0 开始,往后自动增加。但关联数组的键是字符串,只能根据字符串对数组元素进行赋值和取值。

示例:

```
$season=arrar("春天","夏天","秋天","冬天");   //索引数组
echo $season[1];           //输出:"夏天"
$info=array("id"=>"001","name"="张三","age"="12","class"="6年级
```

6班");   //关联数组
        echo $info["name"];   //输出:"张三"

索引数组$season 根据数字键"1"输出"夏天",而关联数组$info 根据字符串键"name"输出"张三"。

3. 数组的遍历

遍历数组是指依顺序访问数组中的每个元素,可以使用 foreach 语句和 for 语句遍历数组元素。

(1) foreach 语句遍历数组

语法如下:

```
foreach ($array as $key=>$value)     //方法1 访问数组元素的键和值
{
  echo "$key-->$value";
}
foreach($array as $value)            //方法2 访问数组元素值
{
  echo $value;
}
```

$array 为数组名称,$key 为数组键名,$value 为键名对应的值。foreach 语句可以遍历数字索引数组和关联数组。

(2) for 语句遍历数组

for 语句只能用于数字索引数组的遍历。先使用 count()函数计算数组元素个数以便作为 for 循环执行的条件,完成数组的遍历,语法格式如下:

```
for($i=0;$i<count($array);$i++)
{
echo $array[$i]."<br>";
}
```

$array 为数组名称,函数 count($array)用于计算数组元素个数。另外,由于关联数组的键不是数字,因此无法使用 for 循环语句进行遍历。

【**实例 3-13**】 分别创建数字索引数组和关联数组并输出内容进行对比。

【**实现步骤**】

1)启动 Adobe Dreamweaver CS6,创建符合 HTML5 标准的空白 PHP 页面,在 "<body>" 后输入以下 PHP 代码:

```php
<?php
    echo "创建数字索引数组:<br/>";
    $arr = array("应用", "网技", "信安", "云计算");
    $arr[0]="区块链";        //对第一个数组元素赋值
    echo $arr[2];            //对第三个数组元素取值并打印
    echo "<br/>";
    print_r($arr);           //打印整个数组
    echo "<br/>";
```

```
        for($i=0;$i<count($arr);$i++)
        {
           echo $arr[$i]."|";
        }
        echo "<br/>";
        echo "创建关联数组:<br/>";
        $brr = array ("a"=>"application", "b"=>"network", "c"=>"security", "d"=>
"cloudcomputing");
        $brr["a"]="blockchain";     //对键为"a"的数组元素赋值
        $brr[1]="AI";   //对键为"1"的数组元素赋值,如果原数组没有该键,就在尾部添加
        print_r($brr);
    ?>
```

2）检查代码后，将文件保存到"C:\PHP\ch03\code0313.php"中，然后在浏览器地址栏中输入 http://localhost/ch03/code0313.php，即可浏览页面运行结果，如图3-16所示。

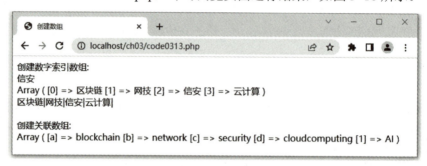

图3-16　创建数组并输出内容进行对比

3.3.3　PHP内置的数组函数

为了便于操作数组，也为程序员编写程序提高效率，PHP提供了许多内置的数组函数，常用的数组函数见表3-21。

表3-21　常用的数组函数

函数	说明
array_splice()	删除数组中的指定元素
array_sum()	计算数组所有键值的和
array_unique()	去除数组中的相同元素
array_search()	搜索键或值，并返回键值所对应的键名
array_push()	向数组添加元素
array_pop()	获取数组最后一个元素并将该元素删除
count()	计算元素的个数
foreach()	数组的遍历
in_array()	检测一个值是否在数组中（返回 true 和 false）
implode()	将数组元素转换成字符串
sort()	按键值排序，从小到大
rsort()	按键值排序，从大到小

【实例 3-14】 向数组中添加元素，并输出添加后的数组。
【实现步骤】

1）启动 Adobe Dreamweaver CS6，创建符合 HTML5 标准的空白 PHP 页面，在"<body>"后输入以下 PHP 代码：

```php
<?php
    $arr = array("应用","网技");              //创建数组
    echo "原数组内容是：";
    print_r($arr);
    echo "<br/><br/>";
    array_push($arr,"信安","云计算");         //向数组中添加两个元素
    echo "新数组内容是：";
    print_r($arr);                            //输出添加元素后的数组
?>
```

2）检查代码后，将文件保存到"C:\PHP\ch03\code0314.php"中，然后在浏览器地址栏中输入 http://localhost/ch03/code0314.php，即可浏览页面运行结果，如图 3-17 所示。

图 3-17　向数组添加元素

3.3.4　PHP 内置的全局数组

全局数组是 PHP 中特殊定义的数组变量，又称为 PHP 预定义数组，是由 PHP 引擎内置的，不需要开发者重新定义，在 PHP 脚本运行时，PHP 会自动将一些数据放在全局数组中。之所以称为全局数组，是因为这些数组在脚本中的任何地方、任何作用域内都可以访问，如函数、类、文件等。PHP 中的全局数组包括以下几个，见表 3-22。

表 3-22　PHP 中常用的全局数组

全局数组	说明
$_GET[]	获取以 GET 方法提交的变量数组
$_POST[]	获取以 POST 方法提交的变量数组
$_COOKIE[]	获取和设置当前网站的 COOKIE 标识
$_SESSION[]	获取当前用户访问的唯一标识
$_ENV[]	当前 PHP 环境变量数组
$_SERVER[]	当前 PHP 服务器变量数组
$_FILES[]	上传文件时提交到当前脚本的参数值，以数组形式体现
$_REQUEST[]	包含当前脚本提交的全部请求
$GLOBALS[]	包含正在执行脚本所有超级全局变量的引用内容

1. **$_SERVER[ ]全局数组**

$_SERVER[ ]全局数组可以获取服务器端和浏览器端的有关信息，常用的$_SERVER[ ]全局数组见表3-23。

表3-23 常用的$_SERVER[ ]全局数组

具体参数	说明
$_SERVER["SERVER_ADDR"]	当前程序所在的服务器地址
$_SERVER["SERVER_NAME"]	当前程序所在的服务器名称
$_SERVER["SERVER_PORT"]	服务器所使用的端口号
$_SERVER["SCRIPT_NAME"]	包含当前脚本的路径
$_SERVER["SCRIPT_URL"]	返回当前页面的URL
$_SERVER["REQUEST_METHOD"]	访问页面时的请求方法（如GET，POST）
$_SERVER["REMOTE_ADDR"]	正在浏览当前页面的客户端IP地址
$_SERVER["REMOTE_HOST"]	正在浏览当前页面的客户端主机名
$_SERVER["REMOTE_PORT"]	用户连接到服务器时所使用的端口
$_SERVER["FILENAME"]	当前程序所在的绝对路径名称

示例：

```php
<?php
    echo $_SERVER['PHP_SELF'];
    echo "<br>";
    echo $_SERVER['SERVER_NAME'];
    echo "<br>";
    echo $_SERVER['HTTP_HOST'];
    echo "<br>";
    echo $_SERVER['HTTP_REFERER'];
    echo "<br>";
    echo $_SERVER['HTTP_USER_AGENT'];
    echo "<br>";
    echo $_SERVER['SCRIPT_NAME'];
?>
```

2. **$_POST[ ]全局数组和$_GET 全局数组**

$_POST[]全局数组广泛用于收集提交 method="post" 的 HTML 表单后的表单数据。$_POST 也常用于传递变量。$_GET 也可用于收集提交 HTML 表单 (method="get") 之后的表单数据。$_GET 也可以收集 URL 中发送的数据。

示例：

```php
<form method="post" action="#">
  Name: <input type="text" name="fname">
  <input type="submit">
</form>
<?php
  $name = $_POST['fname'];
```

```
    echo $name;
?>
```

3. $_FILES[ ]全局数组

$_FILES[]数组用于获取上传文件的相关信息,包括文件名、文件类型和文件大小等。如果上传单个文件,则该数组为二维数组;如果上传多个文件,则该数组为三维数组。$_FILES[]数组的具体参数取值见表 3-24。

表 3-24 $_FILES[]数组的具体参数取值

具体参数	说明
$_FILES["file"]["name"]	上传文件的名
$_FILES["file"]["type"]	上传文件的类型
$_FILES["userfile"]["size"]	上传文件的大小
$_FILES["file"]["tmp_name"]	文件上传到服务器后,在服务器中的临时文件名
$_FILES["file"]["error"]	文件上传过程中发生错误的错误代码,0 为成功

文件上传的基本原理是:"客户端文件"—"服务器端临时文件夹"—"服务器上传文件夹"。上传过程需要通过多次验证,包括文件类型和文件大小等。

3.4 PHP 的流程控制

不管多么复杂的程序结构,最终都可以简化为顺序控制结构、条件控制结构和循环控制结构的组合。合理使用这些流程控制语句,可以使程序流程更清晰、可读性更强,从而有效提高工作效率。

3.4.1 PHP 流程控制概述

PHP 程序的默认执行顺序是从第一条 PHP 语句到最后一条 PHP 语句按顺序逐条执行。流程控制语句用于改变程序的执行次序。PHP 流程控制结构分为三种,分别是顺序控制结构、条件控制结构和循环控制结构。

3.4.1
PHP 流程控制概述

1. 顺序控制结构

顺序控制结构是最基本的程序结构,程序由若干条语句组成,执行顺序从上到下依次逐句执行,如图 3-18 所示。

顺序控制结构是最基本也最常见的流程结构,这里不再赘述。

2. 条件控制结构

条件控制结构用于实现分支程序设计,就是对给定条件进行判断,条件为"真"时执行一个程序分支,条件为"假"时执行另一个程序分支,如图 3-19 所示。

图 3-18　顺序控制结构　　　　　图 3-19　条件控制结构

PHP 提供的条件控制语句包括 if 条件控制语句和 switch 多分支语句。

3. 循环控制结构

循环控制结构是指在给定条件成立的情况下重复执行一个程序块。PHP 提供的循环控制语句包括 while 语句、do-while 语句、for 语句和 foreach 语句，如图 3-20 所示。

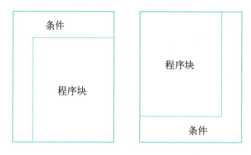

图 3-20　循环控制结构（while 型和 do-while 型）

在实际项目开发过程中，可以灵活运用各种控制结构或者将三种控制结构结合使用。

3.4.2　使用条件语句实现分支设计

条件控制结构用于实现分支程序设计，就是对给定条件进行判断，条件为真时执行一个程序分支，条件为假时执行另一个程序分支。PHP 提供的条件控制语句包括 if 条件控制语句和 switch 多分支语句。

3.4.2
使用条件语句
实现分支设计

1. 使用 if 语句实现分支

if 条件控制语句通过判断条件表达式的不同取值执行相应程序块，有三种编写方式，语法格式分别如下。

（1）第一种形式：**if 形式**

语法结构如下：

```
if (条件表达式) {程序块}
```

其含义是：如果条件表达式的值为 true，则执行其后的程序块，否则不执行该程序块。if 语句的执行流程如图 3-21 所示。

如果条件表达式成立，则执行程序块。

图 3-21　if 语句的执行流程

（2）第二种形式：if-else 形式

语法结构如下：

```
if (条件表达式)
{程序块 1}
else
{程序块 2}
```

其含义是：如果表达式的值为 true，则执行程序块 1，否则执行程序块 2。if-else 语句的执行流程如图 3-22 所示。

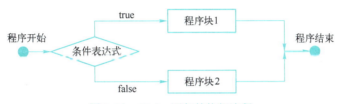

图 3-22　if-else 语句的执行流程

条件表达式为 true，则执行程序块 1，否则执行程序块 2。

（3）第三种形式：if-else-if-else 形式

语法结构如下：

```
if(条件表达式 1) {程序块 1}
else  if(条件表达式 2) {程序块 2}
    else  if(条件表达式 3) {程序块 3}
    …
        else  if(条件表达式 n) {程序块 n}
            else {程序块 n+1}
```

其含义是：依次判断条件表达式的值，当出现某个值为 true 时，则执行其对应的程序块。然后跳到整个 if 语句之外继续执行程序。如果所有的表达式均为 false，则执行程序块 n+1。然后继续执行后续程序。if-else-if-else 语句的执行流程如图 3-23 所示。

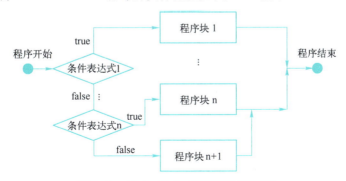

图 3-23　if-else-if-else 语句的执行流程

仅在条件表达式 n 为 true 时，才执行程序块 n，否则执行程序块 n+1。

【实例 3-15】 if 语句三种形式举例。

【实现步骤】

3.4.2
【实例 3-15】
【实例 3-16】

1）启动 Adobe Dreamwcaver CS6，创建文档类型为 HTML5 的空白 PHP 页面，在 "<body>" 后输入以下 PHP 代码：

```php
<?php
//第一种形式：if 形式
    echo "第一种形式：if 形式举例<br/>";
    $num1=7*9e5;
    $num2=2*3e6;
    if ($num1 > $num2)
        print('$num1 大于 $num2');
    if ($num1 == $num2)
        print('$num1 等于 $num2');
    if ($num1 < $num2)
        print('$num1 小于 $num2');
    echo "<hr/>";

//第二种形式：if-else 形式
    echo "第二种形式：if-else 形式举例<br/>";
    $num1=7*9e5;
    $num2=2*3e6;
    if ($num1 == $num2)
        print('$num1 等于 $num2');

    if ($num1 > $num2)
        print('$num1 大于 $num2');
    else
        print('$num1 小于 $num2');
    echo "<hr/>";

//第三种形式：if-else-if-else 形式
    echo "第三种形式：if-else-if-else 形式举例<br/>";
    $num1=7*9e5;
    $num2=2*3e6;
    if ($num1 > $num2)
        print('$num1 大于 $num2');
      else if ($num1 == $num2)
        print('$num1 等于 $num2');
        else
        print('$num1 小于 $num2');
    echo "<hr/>";
?>
```

2）检查代码后，将文件保存到 "C:\PHP\ch03\code0315.php" 中，然后在浏览器地址栏中输入 http://localhost/ch03/code0315.php，按<Enter>键即可浏览页面运行结果，如图 3-24 所示。

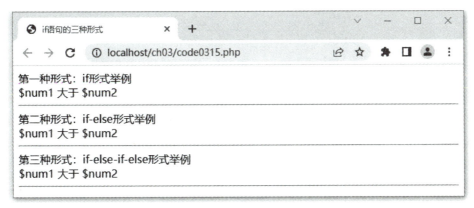

图 3-24　if 语句三种形式举例

2．使用 switch 语句实现多分支

if-else 语句可以用来描述一个"二岔路口"，只能选择其中一条路来继续走。if-else-if-else 多重嵌套语句可以用来描述一个"多岔路口"的情况，也是只能选择其中一条路来走，但 if-else-if-else 多重嵌套语句比较复杂，容易引起逻辑混乱。switch 语句提供了 if 语句的一个变通形式，可以从多个程序块中选择其中的一个执行。重要的是，switch 语句比较简单，不容易引起逻辑混乱。

语法结构如下：

```
switch(条件表达式){
case 值1:
    程序块1;
    break;
case 值2:
    程序块2;
    break;
…
case 值n:
    程序块n;
    break;
default:
    程序块n+1;
    break;
}
```

其含义是：switch 多分支语句的功能是将条件表达式的值与 case 子句的值逐一进行比较，如有匹配，即为 true，则执行该 case 子句对应的程序块，并执行 break，跳出 switch 语句；如果不匹配任何 case 值，就执行 default 对应的程序块，并执行 break，跳出 switch 语句。switch 语句的执行流程如图 3-25 所示。

如果没有满足所有的条件表达式，则执行程序块 n+1。

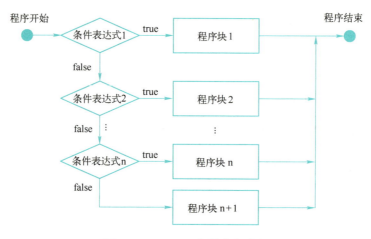

图 3-25 switch 语句的执行流程

【实例 3-16】 在页面上显示今天是星期几。

【实现步骤】

1）启动 Adobe Dreamweaver CS6，创建文档类型为 HTML5 的空白 PHP 页面，在"<body>"后输入以下 PHP 代码：

```php
<?php
    $week = date("w", time());
    switch ($week) {
        case 0:
            $weekDate="星期日";
            break;
        case 1:
            $weekDate="星期一";
            break;
        case 2:
            $weekDate="星期二";
            break;
        case 3:
            $weekDate="星期三";
            break;
        case 4:
            $weekDate="星期四";
            break;
        case 5:
            $weekDate="星期五";
            break;
        case 6:
            $weekDate="星期六";
            break;
    }
    print("今天是：".$weekDate);
?>
```

2）检查代码后，将文件保存到"C:\PHP\ch03\code0316.php"中，然后在浏览器地址栏中输入 http://localhost/ch03/code0316.php，按<Enter>键即可浏览页面运行结果，如图 3-26 所示。

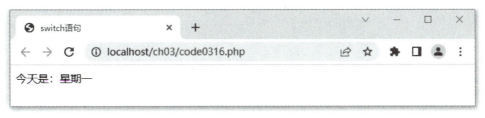

图 3-26 switch 语句举例

3．if 语句和 switch 语句的比较

在条件控制语句中，if 语句和 switch 语句实现的功能相同，两种语句可以相互替换。两者有如下三方面的区别。
- 使用效率。从使用效率上区分时，在对同一个变量的不同值作条件判断时，可以使用 switch 语句，也可以使用 if 语句。使用 switch 语句的效率更高一些，尤其是判断的分支越多越明显。
- 实用性。从语句的实用性角度区分时，switch 语句不如 if 语句，if 语句是应用最广泛和最实用的语句。
- 使用场合。一般情况下，判断条件较少时使用 if 语句，判断条件较多时则使用 switch 语句。

3.4.3 使用循环语句实现循环控制

在不少实际问题中有许多具有规律性的重复操作，在程序中就需要重复执行某些语句。一组被重复执行的语句称为循环体，能否继续重复，取决于循环的终止条件。循环结构是在一定条件下反复执行某段程序的流程结构，被反复执行的程序称为循环体。循环语句是由循环体及循环的终止条件两部分组成的。

3.4.3
使用循环语句
实现循环控制

PHP 提供的循环控制语句包括 while 语句、do-while 语句、for 语句和 foreach 语句。

1．使用 while 语句实现前测循环

while 循环语句属于前测试型循环语句，即先判断后执行。
语法结构如下：

```
while (条件表达式){
    程序块;
}
```

其含义是：先判断条件表达式，当条件为 true 时，循环执行程序块；当条件为 false 时，跳出循环，继续执行循环后面的程序。while 循环语句的执行流程如图 3-27 所示。

当条件表达式为 true 时，则执行程序块，直到条件表达式为 false。

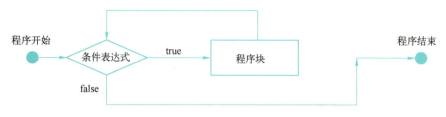

图 3-27 while 循环语句的执行流程

【实例 3-17】 使用 while 语句实现从 1 累加到 100 的和。

【实现步骤】

1）启动 Adobe Dreamweaver CS6，创建文档类型为 HTML5 的空白 PHP 页面，在"<body>"后输入以下 PHP 代码：

3.4.3
【实例 3-17】
【实例 3-18】
【实例 3-19】
【实例 3-20】

```php
<?php
    $a=1;
    $sum=0;
    while ($a<=100)
    {
        $sum=$sum+$a;
        $a++;
    }
    echo "从 1 累加到 100 的和是：$sum";
?>
```

2）检查代码后，将文件保存到"C:\PHP\ch03\code0317.php"中，然后在浏览器地址栏中输入 http://localhost/ch03/code0317.php，按<Enter>键即可浏览页面运行结果，如图 3-28 所示。

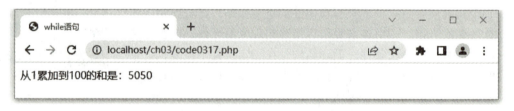

图 3-28 while 语句求 1 累加到 100 的和

2. 使用 do-while 语句实现后测循环

do-while 循环语句属于后测试型循环语句，即先执行后判断。

语法结构如下：

```
do {
    程序块；
} while (条件表达式)
```

其含义是：先执行一次程序块，再判断条件表达式；当条件为 true 时，循环执行程序块；当条件为 false 时，跳出循环，继续执行循环后面的程序。do-while 循环语句的执行流程，如图 3-29 所示。

图 3-29　do-while 循环语句的执行流程

无论条件表达式为 true 还是 false，程序块至少执行一次。

 注意：对于条件表达式一开始时就为 true 的情况，while 语句和 do-while 语句两种结构是没有区别的。如果条件表达式一开始就为 false，则 while 语句不执行任何语句就跳出循环，而 do-while 语句则执行一次循环之后才跳出循环。

【实例 3-18】 使用 do-while 语句实现从 1 累加到 100 的和。
【实现步骤】

1）启动 Adobe Dreamweaver CS6，创建文档类型为 HTML5 的空白 PHP 页面，在"<body>"后输入以下 PHP 代码：

```php
<?php
  $a=1;
  $sum=0;
  do{
    $sum=$sum+$a;
    $a++;
  }while ($a<=100);
  echo "从1累加到100的和是：$sum";
?>
```

2）检查代码后，将文件保存到"C:\PHP\ch03\code0318.php"中，然后在浏览器地址栏中输入 http://localhost/ch03/code0318.php，按<Enter>键即可浏览程序运行结果，如图 3-30 所示。

图 3-30　do-while 语句求 1 累加到 100 的和

3. 使用 for 语句实现已知次数循环

当事先不知道循环的次数时，使用 while 或 do-while 语句。如果事先就知道循环次数，可以使用 for 语句。

语法结构如下：

```
for (条件初始值；循环条件；循环增量)
{
    程序块；
}
```

for 语句执行过程是：进入第一次循环，先执行条件初始值（只在开始时执行一次，后续不再执行），接着判断循环条件，如果为 true，则执行程序块，然后执行循环增量。进入第二次循环，直接判断循环条件，如果为 true，则执行程序块，然后执行循环增量；再进入下一轮循环，如此循环下去，直到判断循环条件为 false，则结束循环，跳出 for 循环语句。for 循环语句的执行流程，如图 3-31 所示。

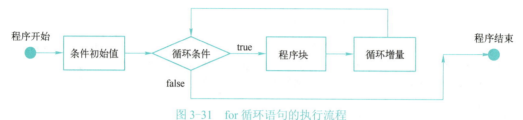

图 3-31　for 循环语句的执行流程

循环条件为 true 时，则执行程序块，然后变量值在循环增量中进行修改。

【实例 3-19】　使用 for 循环语句输出九九乘法口诀表。

【实现步骤】

1）启动 Adobe Dreamweaver CS6，创建文档类型为 HTML5 的空白 PHP 页面，在"<body>"后输入以下 PHP 代码：

```php
<?php
echo "九九乘法口诀表<br/><br/>";
for($i=1; $i<=9; $i++)         //控制从上到下的行数
{
  for($j=1; $j<=$i; $j++)      //控制从左到右的列数
  {
    $sum=$j*$i;
    echo $j."*".$i."=".$sum;
    echo "  ";
  }
  echo "<br/>";
}
?>
```

2）检查代码后，将文件保存到"C:\PHP\ch03\code0319.php"中，然后在浏览器地址栏中输入 http://localhost/ch03/code0319.php，按<Enter>键即可浏览程序运行结果，如图 3-32 所示。

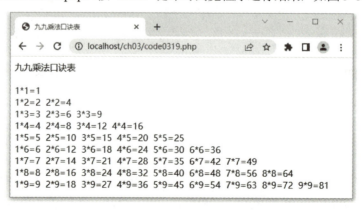

图 3-32　用 for 循环语句输出九九乘法口诀表

4．使用 foreach 语句遍历数组

foreach 循环语句是 PHP 的新特征之一，在遍历集合、数组方面，foreach 为开发者提供了极大的方便。foreach 循环语句是 for 语句的特殊简化版本，主要用于执行遍历功能的循环。

foreach 循环语句遍历集合元素的值，其语法结构如下：

```
foreach （集合 as 变量名）
{
    程序块;
}
```

其中，变量名表示集合中的每一个元素，集合是被遍历的集合对象或数组。每次执行一次循环语句，循环变量就读取集合中的一个元素。

foreach 循环语句遍历数组元素的值，其语法结构如下：

```
foreach （数组变量 as 值变量）
{
    程序块;
}
```

foreach 循环语句遍历数组元素的键和值，其语法结构如下：

```
foreach （数组变量 as 键变量=>值变量）
{
    程序块;
}
```

其执行流程如图 3-33 所示。

图 3-33　foreach 循环语句的执行流程

遍历集合中的每一个元素，直到不包含任何元素时，退出 foreach 循环。

【实例 3-20】 使用 foreach 循环语句输出购物车中的商品信息。
【实现步骤】

1）启动 Adobe Dreamweaver CS6，创建文档类型为 HTML5 的空白 PHP 页面，在"<body>"后输入以下 PHP 代码：

```php
<?php
$carts = array("1001"=>"钱包","1002"=>"裙子","1003"=>"帽子","1004"=>"太阳镜");  //商品信息的数组
echo "当前购物车中有如下商品：<br/><br/>";
foreach($carts as $id=>$name)    //遍历数组
{
    echo "商品编号：$id，商品名称：$name<br/>";   //输出商品数组的键和值
}
```

?>

2）检查代码后，将文件保存到"C:\PHP\ch03\code0320.php"中，然后在浏览器地址栏中输入 http://localhost/ch03/code0320.php，按<Enter>键即可浏览程序运行结果，如图 3-34 所示。

图 3-34　使用 foreach 循环语句输出购物车中的商品信息

3.4.4　使用跳转语句实现强制执行流程

除了条件控制语句和循环控制语句外，还有一些用来完善程序流程控制与执行的跳转语句。跳转语句包括强制退出循环的 break 语句、强制循环迭代的 continue 语句、函数返回值的 return 语句，以及用来跳转到程序中某一指定位置的 goto 语句。

1. 使用 return 语句终止函数

return 语句用于终止函数的执行或退出类的方法，并把控制权返回该方法的调用者。如果这个方法带有返回类型，return 语句就必须返回这个类型的值。如果这个方法没有返回值，可以使用没有表达式的 return 语句。如果一个方法使用了 return 语句，并且后面跟有该方法返回类型的值，那么调用此方法后，所得到的结果为该方法返回的值。

【实例 3-21】　return 语句返回函数的输出结果。

【实现步骤】

1）启动 Adobe Dreamweaver CS6，创建文档类型为 HTML5 的空白 PHP 页面，在"<body>"后输入以下 PHP 代码：

```php
<?php
    $num1 = 100;              //假设用户输入的操作数 1 是 100
    $num2 = 200;              //假设用户输入的操作数 2 是 200
    print("第一个数：".$num1."<br/>");
    print("第二个数：".$num2."<br/>");
    $d = sum($num1, $num2);
    print("两个数之和：".$num1 ."+". $num2. "=". $d);
    
    function sum( $i, $j){    //创建 sum()函数，返回两个数之和
        $sum = $i + $j;
        return $sum;
```

        }
    ?>
```

2）检查代码后，将文件保存到"C:\PHP\ch03\code0321.php"中，然后在浏览器地址栏中输入 http://localhost/ch03/code0321.php，按<Enter>键即可浏览程序运行结果，如图 3-35 所示。

图 3-35　return 语句返回函数的输出结果

**2. 使用 break 语句强行退出**

在 PHP 中，break 语句主要有两种作用：一是在 switch 语句中终止一个语句序列，二是使用 break 语句直接强行退出循环。

**（1）在 switch 语句中终止一个语句序列**

在 switch 语句中终止一个语句序列就是在每个 case 子句块的最后添加"break;"。

**（2）使用 break 语句直接强行退出循环**

可以使用 break 语句直接强行退出循环，忽略循环体中的任何其他语句和循环条件判断。在循环中遇到 break 语句时，循环被终止，在循环后面的语句位置重新开始。

【实例 3-22】　break 语句跳出 for 循环语句。

【实现步骤】

1）启动 Adobe Dreamweaver CS6，创建文档类型为 HTML5 的空白 PHP 页面，在"<body>"后输入以下 PHP 代码：

```
<?php
for($i=1; $i<=5; $i++)      //外循环，循环 5 次
{
  echo("外循环第".$i."次循环：");
  for($j=1;$j<=10;$j++)     //内循环，设计为循环 10 次
  {
    if($j==3){    //判断 j 是否等于 3，如果是，则强行退出当前内循环
      break;
    }
    echo("内循环的第".$j."次循环。");
  }
  echo "<br/>";
}
?>
```

2）检查代码后，将文件保存到"C:\PHP\ch03\code0322.php"中，然后在浏览器地址栏中输入 http://localhost/ch03/code0322.php，按<Enter>键即可浏览程序运行结果，如图 3-36 所示。
```

图 3-36 break 语句跳出 for 循环语句

3. 使用 continue 语句跳出并执行下一次循环

continue 语句是跳过循环体中剩余的语句而强制执行下一次循环。其作用为结束本次循环，即跳出循环体中尚未执行的语句，接着进行下一次是否执行循环的判定。

continue 语句类似于 break 语句，但它只能出现在循环体中。它与 break 语句的区别在于：continue 并不是中断循环语句，而是中止当前迭代的循环，进入下一次迭代。

注意：continue 语句只能用在 while 语句、for 语句和 foreach 语句的循环体之中，在这之外的任何地方使用它都会引起语法错误。

【实例 3-23】 用 continue 语句统计及格学生的人数、总成绩和平均成绩。
【实现步骤】

1）启动 Adobe Dreamweaver CS6，创建文档类型为 HTML5 的空白 PHP 页面，在"<body>"后输入以下 PHP 代码：

```php
<?php
$data = array(10,20,30,40,50,60,70,80,90,100);   //成绩数组
$num = count($data);    //学生数量
$sum = 0;   //总成绩
$c = 0;     //及格人数
for($i=0;$i<$num;$i++)  //遍历数组，依次从数组中取值，如果成绩小于 60 就跳过循环体中剩下的语句，强行进入下一次循环
{
    $score = $data[$i];
    if($score<60){
      continue;
    }
    echo("正在统计".$score."<br/>");
    $sum+=$score;   //累加求和
    $c++;   //个数自增
}
echo("共统计了".$c."个及格成绩<br/>");
echo("及格学生的总成绩为：".$sum."，及格学生的平均成绩为：".round($sum/$c,2));
?>
```

2）检查代码后，将文件保存到"C:\PHP\ch03\code0323.php"中，然后在浏览器地址栏中输入 http://localhost/ch03/code0323.php，按<Enter>键即可浏览程序运行结果，如图 3-37 所示。

图 3-37 统计及格学生的人数、总成绩和平均成绩

4．使用 goto 语句跳转到指定位置

goto 语句可以用来跳转到程序中的某一指定位置。goto 语句的用法很简单，只需在 goto 后面带上目标位置的标志，在目标位置上用目标名加冒号标记。

PHP 中的 goto 有一定限制，只能在同一个文件和作用域中跳转，也就是说，无法跳出一个函数或类方法，无法跳入到另一个函数，也无法跳入任何循环或者 switch 结构中。常见的用法是用来跳出循环或者跳出 switch，可以代替多层的 break。

【实例 3-24】 使用 goto 语句找出班级中第 25 个序号的学生。
【实现步骤】

1）启动 Adobe Dreamweaver CS6，创建文档类型为 HTML5 的空白 PHP 页面，在"<body>"后输入以下 PHP 代码：

```php
<?php
  goto a;  //跳转至目标 a
  echo "2021 信安 3-1 班<br/>"; //此句被略过

  a: echo "2021 信安 3-2 班<br/>";  //输出结果

  for($i=1;$i<=50;$i++)
  {
      if($i==25)    //如果$i=25，则强行退出循环，跳转至目标 end
        goto end;
  }
  echo "2021 信安 3-3 班<br/>"; //此句被略过

  end: echo "找到了序号为 25 的学生";
?>
```

2）检查代码后，将文件保存到"C:\PHP\ch03\code0324.php"中，然后在浏览器地址栏中输入 http://localhost/ch03/code0324.php，即可浏览程序运行结果，如图 3-38 所示。

图 3-38 使用 goto 语句找出班级中第 25 个序号的学生

3.5 PHP 弱数据类型的编码安全

弱类型变量在使用过程中无须进行类型声明，数据类型根据代码执行情况可以动态变换。强类型指的是每个变量和对象都必须具有声明类型，它们是在编译时就确定了类型的数据，在执行时类型不能更改。本节将介绍 PHP 弱数据类型在编码时带来的安全问题及其修复措施。

3.5 PHP 弱数据类型的编码安全

3.5.1 PHP 弱数据类型安全问题

下面将阐述 PHP 弱数据类型的安全威胁及其防护措施。

1．PHP 弱数据类型安全概述

PHP 是一种弱类型语言，这意味着在 PHP 中变量的类型可以在运行时进行隐式转换。这种灵活性可以方便开发人员编写代码，但也可能导致数据类型的安全问题。在 PHP 中，由于弱数据类型的特性，可能会出现以下情况。

1）隐式类型转换：PHP 可以根据需要自动进行类型转换，例如，将字符串转换为数字或布尔值。这种隐式转换可能导致意外的结果，特别是在与比较和运算符相关的情况下。

示例如下：

```
$num = "10";
$sum = $num + 5;  // $num 被隐式转换为数字类型
// 结果为 15，因为 "10" 被转换为 10
$bool = "false";
if ($bool) {
    // 这段代码会执行，因为非空字符串被转换为 true
}
```

2）比较操作符的行为：PHP 在使用双等号（==）判断的时候，不会严格检验传入的变量类型，同时在执行过程中可以将变量自由地进行类型转换。由于弱数据类型的特点，在使用双等号时，会造成一定的安全隐患。在比较操作中，PHP 会进行隐式类型转换以使得两个操作数具有相同的类型，这可能导致意外的结果。

示例如下：

```
var_dump(10 == "10");  // 输出 bool(true)，因为 "10" 被转换为 10
var_dump(10 === "10"); // 输出 bool(false)，因为全等操作符不进行类型转换
```

2. PHP8 的松散比较

表 3-25 显示了 PHP8 类型和比较运算符在松散比较时的作用。

表 3-25 松散比较（==）

	true	false	1	0	-1	"1"	"0"	"-1"	null	[]	"php"	""
true	true	false	true	false	true	true	false	true	false	false	true	false
false	false	true	false	true	false	false	true	false	true	true	false	true
1	true	false	true	false	false	true	false	false	false	false	false	false
0	false	true	false	true	false	false	true	false	true	false	false*	false*
-1	true	false	false	false	true	false	false	true	false	false	false	false
"1"	true	false	true	false	false	true	false	false	false	false	false	false
"0"	false	true	false	true	false	false	true	false	false	false	false	false
"-1"	true	false	false	false	true	false	false	true	false	false	false	false
null	false	true	false	true	false	false	false	false	true	true	false	true
[]	false	true	false	false	false	false	false	false	true	true	false	false
"php"	true	false	false	false*	false	false	false	false	false	false	true	false
""	false	true	false	false*	false	false	false	false	true	false	false	true

注：* 代表在 PHP 8.0.0 之前为 true。

3. PHP8 的严格比较

表 3-26 显示了 PHP8 类型和比较运算符在严格比较时的作用。

表 3-26 严格比较（===）

	true	false	1	0	-1	"1"	"0"	"-1"	null	[]	"php"	""
true	true	false	false	false	false	false	false	false	false	false	false	false
false	false	true	false	false	false	false	false	false	false	false	false	false
1	false	false	true	false	false	false	false	false	false	false	false	false
0	false	false	false	true	false	false	false	false	false	false	false	false
-1	false	false	false	false	true	false	false	false	false	false	false	false
"1"	false	false	false	false	false	true	false	false	false	false	false	false
"0"	false	false	false	false	false	false	true	false	false	false	false	false
"-1"	false	false	false	false	false	false	false	true	false	false	false	false
null	false	false	false	false	false	false	false	false	true	false	false	false
[]	false	false	false	false	false	false	false	false	false	true	false	false
"php"	false	false	false	false	false	false	false	false	false	false	true	false
""	false	false	false	false	false	false	false	false	false	false	false	true

弱数据类型在开发过程中，Hash 比较、bool 比较、数字转换比较、switch 比较等几种比较方式的弱数据类型常常被忽视。这些弱数据类型的特性可能导致安全问题。例如，在处理用户输入时，如果没有适当的验证和过滤，可能会导致数据类型不一致的问题，从而可能导致安全漏洞，如 SQL 注入、文件包含漏洞等。

4. PHP 弱数据类型安全措施

为了加强 PHP 中数据类型的安全性，可以采取以下措施。

1）使用显式类型转换：在需要进行类型转换的地方，尽量使用显式的类型转换函数，如 intval()、floatval()、strval()等。这样可以确保类型转换的结果符合预期，避免隐式转换带来的意外行为。

示例如下：

```
$num = "10";
$sum = intval($num) + 5;  // 显式类型转换函数将 $num 转换为整数类型
// 结果为 15, 因为$num 被正确转换为数字
$bool = "false";
if (boolval($bool)) {
    // 这段代码不会执行，因为 boolval() 显式将 $bool 转换为布尔值
}
```

2）使用恰当的比较操作符：根据需要选择合适的比较操作符，如==、===、!=、!==。使用全等操作符（===）可以确保在比较时不进行类型转换。

示例如下：

```
var_dump(10 == "10");   // 输出 bool(true)，进行类型转换后比较
var_dump(10 === "10");  // 输出 bool(false)，不进行类型转换，直接比较
```

3）避免依赖隐式类型转换：为了减少意外行为，尽量避免在代码中过度依赖隐式类型转换。在关键的比较和运算逻辑中，明确指定数据类型，以确保代码的可读性和可预测性。

总的来说，弱数据类型是 PHP 的特性之一，开发人员需要对其进行适当的处理和防范。通过显式类型转换、适当的比较操作符和避免依赖隐式类型转换，可以增强 PHP 数据类型的安全性，降低潜在的安全风险。同时，保持对最新的安全威胁和漏洞的了解，及时更新和修复应用程序，是保障应用程序安全的重要措施。

3.5.2 Hash 比较的缺陷与修复

在 PHP 中，Hash 比较存在一些缺陷。以下是其中的一些问题，以及修复方法。

1. 松散比较

对比 Hash 字符串的时候常常用到等于（==）、不等于（!=）进行比较。如果 Hash 值以 0e 开头，后面都是数字，当与数字进行比较时，就会误以为是科学记数法，从而被解析成 0×10^n，会被判断与 0 相等，使攻击者可以绕过某些系统逻辑。

示例如下：

```
<?php
var_dump('0e123456789' == 0);      //bool(true)
var_dump('0e123456789' =='0');     //bool(true)
var_dump('0e1234abcde' == '0');    //bool(false)
?>
```

当密码经过散列计算后可能会以 0e 开头。下面示例在进行密码判断时可以绕过登录逻辑。

示例如下：

```
<?php
  $username = $_POST['username'];
```

```php
    $password = $_POST['password'];          //用户当前输入的密码
    $userinfo = getUserPass($username);       //用户之前设置的密码
    //当 userinfo 中的密码以 0e 开头时，随意构造 password 即可登录系统
    if ($userinfo['password'] == md5($password)){   //Hash 比较缺陷
      echo '登录成功';
    }
    else{
      echo '登录失败';
    }
?>
```

2. 修复方法

使用 hash_equals()函数比较 Hash 值，可以避免对比被恶意绕过。hash_equals()函数要求提供的两个参数必须是长度相同、值也相同的字符串，如果所提供的字符串长度不同，或值不相同，则会立即返回 false。

示例如下：

```php
<?php
  $username = $_POST['username'];
  $password = $_POST['password'];          //用户当前输入的密码
  $userinfo = getUserPass($username);       //用户之前设置的密码
  //使用 hash_equals()函数进行严格的字符串比较
  if (hash_equals($userinfo['password'], md5($password))){
    echo '登录成功';
  }
  else{
    echo '登录失败';
  }
?>
```

使用专门的 Hash 比较函数（如 hash_equals()），可以修复 Hash 比较的缺陷，确保类型和值的准确性。

【实例 3-25】 Hash 比较的缺陷与修复。

【实现步骤】

1）启动 Adobe Dreamweaver CS6，创建文档类型为 HTML5 的空白 PHP 页面，在"<body>"后输入以下 PHP 代码：

```php
<?php
$hash1 = '0e123456789';
$hash2 = '0e987654321';
if ($hash1 == $hash2) {              //松散比较
    echo '用松散比较（==）时，相等。';
} else {
    echo '用松散比较（==）时，不相等。';
}
echo "<br/>";
if (hash_equals($hash1, $hash2) ){   //严格比较
```

```
      echo '用严格比较（hash_equals()）时，相等。';
   } else {
      echo '用严格比较（hash_equals()）时，不相等。';
   }
?>
```

2）检查代码后，将文件保存到"C:\PHP\ch03\code0325.php"中，然后在浏览器地址栏中输入 http://localhost/ch03/code0325.php，按<Enter>键即可浏览程序运行结果，如图 3-39 所示。

图 3-39 Hash 比较的缺陷与修复

3.5.3 bool 比较的缺陷与修复

在 PHP 中，bool 比较存在一些缺陷。以下是其中的一些问题，以及修复方法。

1．松散比较

在使用相等操作符（==）进行 bool 比较时，PHP 会进行松散比较，这可能导致意外的结果，因为松散比较会进行类型转换和模糊匹配。

示例如下：

```
<?php
  $bool1 = true;
  $bool2 = "1";
  if ($bool1 == $bool2) {
    // 这段代码会执行，因为松散比较会进行类型转换和模糊匹配
  }
?>
```

2．修复方法

为了避免松散比较导致的问题，应该使用严格的全等操作符（===）进行 bool 比较。
示例如下：

```
<?php
  $bool1 = true;
  $bool2 = "1";
  if ($bool1 === $bool2) {
    // 这段代码不会执行，因为使用了严格相等操作符
  }
?>
```

总结起来，为了修复 bool 比较的缺陷，应该使用严格的全等操作符（===）进行比较，避

免类型转换和模糊匹配的问题。

【实例 3-26】 bool 比较的缺陷与修复。

【实现步骤】

1）启动 Adobe Dreamweaver CS6，创建文档类型为 HTML5 的空白 PHP 页面，在"<body>"后输入以下 PHP 代码：

```php
<?php
$bool1 = true;
$bool2 = "1";
if ($bool1 == $bool2) {      //松散比较
    echo '用松散比较（==）时，相等。';
} else {
    echo '用松散比较（==）时，不相等。';
}
echo "<br/>";
if ($bool1 === $bool2) {     //严格比较
    echo '用严格比较（===）时，相等。';
} else {
    echo '用严格比较（===）时，不相等。';
}
?>
```

2）检查代码后，将文件保存到"C:\PHP\ch03\code0326.php"中，然后在浏览器地址栏中输入 http://localhost/ch03/code0326.php，按<Enter>键即可浏览程序运行结果，如图 3-40 所示。

图 3-40 bool 比较的缺陷与修复

3.5.4 数字转换比较的缺陷与修复

在 PHP 中，数字转换和比较存在一些缺陷。以下是其中的一些问题，以及修复方法。

1. 弱类型转换

PHP 是一种弱类型语言，在数字转换和比较中可能会发生隐式的类型转换。这意味着在比较过程中，PHP 可能会将其他数据类型（如字符串）转换为数字。这种弱类型转换可能导致意外的结果。

示例如下：

```
$num = "10";
if ($num == 10) {
    // 这段代码会执行，因为字符串 "10" 被转换为数字 10
```

```
}
```

2．修复方法

为了确保比较的准确性,应该使用恰当的比较操作符,如全等操作符(===),它会进行严格的值和类型比较。

示例如下:

```
$num = "10";
if ($num === 10) {
    // 这段代码不会执行,因为类型不匹配
}
```

【实例 3-27】 数字转换比较的缺陷与修复。

【实现步骤】

1)启动 Adobe Dreamweaver CS6,创建文档类型为 HTML5 的空白 PHP 页面,在"<body>"后输入以下 PHP 代码:

```
<?php
$num1 = "10";
$num2 = 10;
if ($num1 == $num2) {   //松散比较
    echo '用松散比较(==)时,相等。';
} else {
    echo '用松散比较(==)时,不相等。';
}
echo "<br/>";
if ($num1 === $num2) {  //严格比较
    echo '用严格比较(===)时,相等。';
} else {
    echo '用严格比较(===)时,不相等。';
}
?>
```

2)检查代码后,将文件保存到"C:\PHP\ch03\code0327.php"中,然后在浏览器地址栏中输入 http://localhost/ch03/code0327.php,按<Enter>键即可浏览程序运行结果,如图 3-41 所示。

图 3-41 数字转换比较的缺陷与修复

3.5.5 switch 比较的缺陷与修复

在 PHP 中,switch 比较存在一些缺陷。以下是其中的一些问题,以及修复方法。

1. 参数转换

在 PHP 中，switch 语句用于根据不同的条件执行不同的代码块。当在 switch 中使用 case 判断整数 int 类型时，switch 会将其中的参数转换为 int 类型进行计算。

示例如下：

```php
<?php
 $num = "2";
 switch ($num){   //switch 会把$num 转换为 int 类型进行计算
   case 0: echo " none hacker!";
   break;
   case 1: echo " one hacker!";
   break;
   case 2: echo " two hackers!";
   break;
   default: echo "I don't know!";
   break;
 }
?>
```

最终执行结果为输出：two hackers!

2. 修复方法

在进入 switch 逻辑前一定要判断数据的合法性，对不合法的数据要进行及时阻断，防止恶意攻击者越过逻辑，出现逻辑错误。

示例如下：

```php
<?php
 $num = "2";
 if (!is_int($num)){ // 在进入switch 逻辑前一定要判断数据的合法性
   die("错误的数据类型，禁止访问！退出！");
 }
 switch ($num){
   case 0: echo " none hacker!";
   break;
   case 1: echo " one hacker!";
   break;
   case 2: echo " two hackers!";
   break;
   default: echo "I don't know!";
   break;
 }
?>
```

最终结果为输出：错误的数据类型，禁止访问！退出！

【实例 3-28】 switch 比较的缺陷与修复。

【实现步骤】

1）启动 Adobe Dreamweaver CS6，创建文档类型为 HTML5 的空白 PHP 页面，在

"<body>"后输入以下 PHP 代码：

```php
<?php
  $num = "2";
  switch ($num){ //switch 会把$num 转换为 int 类型进行计算
    case 0: echo " none hacker!";
    break;
    case 1: echo " one hacker!";
    break;
    case 2: echo " two hackers!";
    break;
    default: echo "I don't know!";
    break;
  }
  echo "<br/>";
  if (!is_int($num)){ // 在进入 switch 逻辑前一定要判断数据的合法性
    die("错误的数据类型，禁止访问！退出！ ");
  }
  switch ($num){
    case 0: echo " none hacker!";
    break;
    case 1: echo " one hacker!";
    break;
    case 2: echo " two hackers!";
    break;
    default: echo "I don't know!";
    break;
  }
?>
```

2）检查代码后，将文件保存到"C:\PHP\ch03\code0328.php"中，然后在浏览器地址栏中输入 http://localhost/ch03/code0328.php，按<Enter>键即可浏览程序运行结果，如图 3-42 所示。

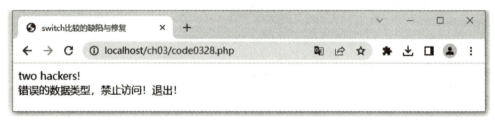

图 3-42　switch 比较的缺陷与修复

本章实训

1．用 if 语句实现：输入 1~10 中的一个数字，输出以该数字打头的一个成语，并考虑

PHP 编码的安全性。

2．用 switch 语句实现：输入 1～10 中的一个数字，输出以该数字打头的成语，并考虑 PHP 编码的安全性。

3．输出一个偶数乘法表，并考虑 PHP 编码的安全性。

4．开发一个简单的网页版计算器，能实现加、减、乘、除和求余运算，并考虑 PHP 编码的安全性。

第 4 章　Web 后端开发与安全防护

本章导读

PHP Web 后端开发也就是实现 PHP 与 Web 页面的交互，主要包括使用表单提交数据和获取数据、使用 COOKIE 存储用户身份信息、使用 SESSION 存储用户会话信息、实现文件的页面上传等技术，本章还介绍了文件上传的安全漏洞及其综合安全防护技术。

学习目标

- 掌握表单提交与获取技术。
- 掌握 PHP COOKIE 的原理和用法。
- 掌握 PHP SESSION 的原理和用法。
- 掌握文件上传技术。
- 掌握文件上传漏洞的防护技术。

素养目标

- 加强实践练习，掌握专业技能，培养良好的职业素养。

4.1 使用表单实现 Web 页面交互

本节将从 Web 后端开发概述、使用表单提交数据和获取数据，以及使用表单实现用户注册页面实例三个方面来阐述。

4.1
使用表单实现
Web 页面交互

4.1.1 Web 后端开发概述

Web 应用系统后端开发是构建 Web 应用系统的关键部分，它负责处理数据、执行业务逻辑，以及与前端交互。在一般的 Web 应用系统中，后端主要由服务器端程序和数据库组成。后端开发的关键概念和技术有如下几个方面。

- 服务器端编程语言：服务器端编程语言是用于编写 Web 应用程序的语言。常用的服务器端编程语言包括 PHP、Java、C#等。这些语言都有自己的特点和优缺点，开发者可以根据项目需求和自身技能选择合适的语言。
- Web 后端框架：Web 后端框架是一种用于简化 Web 应用开发的工具。它提供了一组 API 和工具，帮助开发者处理 HTTP 请求、路由、数据库连接、用户认证等常见任务。常用的 Web 框架包括 Django、Flask、Express 等。
- 数据库：数据库是用于存储应用程序数据的工具。常用的关系型数据库包括 MySQL、

- Oracle、SQLServer 等。
- API：即应用程序编程接口，是一组定义 Web 应用程序接口的规范。开发者可以使用 API 将自己的应用程序与其他应用程序和服务集成。常用的 API 包括 RESTful API、SOAP API 等。
- 安全性：Web 应用程序的安全性是后端开发中必须关注的问题。开发者需要采取一系列措施来保护应用程序不被黑客攻击。这些措施包括数据加密、身份验证、输入验证等。

总的来说，Web 应用系统后端开发是一项复杂而重要的任务，它需要开发者具备深厚的编程技能和系统设计能力。开发者需要选择合适的技术框架，根据应用程序需求和用户反馈不断改进和优化后端代码。

4.1.2 使用表单提交数据和获取数据

表单提交和获取数据是 Web 应用系统开发中非常重要的一部分，它可以让用户将数据提交到服务器进行处理，并且在需要时从服务器获取数据。关于表单提交和获取数据的主要技术有以下几个方面：

- 表单提交：表单提交通常使用 HTTP 协议中的 POST/GET 方法来实现。在提交表单之前，需要验证表单数据的合法性，并使用 JavaScript 等技术来防止恶意攻击。在服务器端，需要处理提交的表单数据并根据实际需要进行相应的业务逻辑处理。常见的服务器端开发语言包括 PHP、Java、Python 等。
- 获取数据：PHP 服务器要获取表单提交的数据时，可以使用 PHP 的$_POST 和$_GET 变量，具体取决于所使用的表单方法。如果表单使用 POST 方法提交，可以使用$_POST 数组来获取表单数据。如果表单使用 GET 方法提交，可以使用$_GET 数组来获取表单数据。请注意，$_POST 和$_GET 数组中的键名必须与表单中使用的字段名完全相同。另外，如果不确定表单使用的是 POST 还是 GET 方法，可以使用$_REQUEST 数组来获取表单数据。不管使用了哪种方法，$_REQUEST 都包含了所有提交的数据。但是，建议使用$_POST 或$_GET，因为这些变量只包含与表单提交相关的数据，更安全和可靠。
- 数据验证：在服务器端处理表单数据时，需要对表单数据进行解析和验证，并根据实际需要进行相应的业务逻辑处理。对于大型 Web 应用程序，可以使用框架来简化表单数据的处理。
- 安全问题：表单提交和数据获取过程中存在安全问题，例如，CSRF（Cross-Site Request Forgery，跨站请求伪造攻击）、XSS（Cross-Site Scripting，跨站脚本攻击）等。开发者需要注意表单数据的合法性和安全性，使用 HTTPS 协议加密通信，并使用相关技术防止恶意攻击。

总的来说，开发者需要熟悉相关的 Web 技术及其安全方法，确保表单数据的安全性和正确性，并根据实际需要进行相应的业务逻辑处理。

4.1.3 使用表单实现用户注册页面实例

表单在网站前端，以及动态网站的后端管理中都有广泛的应用。下面将通过一个简单的用户注册实例来加强对 Web 页面交互功能的理解。

【实例 4-1】 编写一个用户注册界面,实现以下功能:①检查表单页面数据提交的合法性;②获取表单中的数据;③验证表单数据是否合法,比如检查是否有空字段、电子邮件地址格式是否正确、密码长度是否合适等;④如果表单数据合法,将其保存到一个数组中。

4.1
【实例 4-1】

【实现步骤】

1)用 HTML、JavaScript 和 CSS 编写用户注册的前端页面。

启动 Adobe Dreamweaver CS6,创建符合 HTML5 标准的空白 HTML 页面,将文件保存到"C:\PHP\ch04\code0401_register_page.html"中,代码如下:

```
<!DOCTYPE html>
<html>
 <head>
 <meta charset="utf-8">
   <title>用户注册表单</title>
   <link href="css/code0401_mystyle.css" rel="stylesheet" type="text/css" />
   <script type="text/javascript">
     function validateForm() {
       var name = document.forms["myForm"]["name"].value;
       var email = document.forms["myForm"]["email"].value;
       var password = document.forms["myForm"]["password"].value;
       var nameError = document.getElementById("name-error");
       var emailError = document.getElementById("email-error");
       var passwordError = document.getElementById("password-error");

       if (name == "") {
         nameError.innerHTML = "姓名不能为空";
         return false;
       }
       if (email == "") {
         emailError.innerHTML = "电子邮件地址不能为空";
         return false;
       }
       if (password == "") {
         passwordError.innerHTML = "密码不能为空";
         return false;
       }
       if (password.length < 6) {
         passwordError.innerHTML = "密码长度不能小于 6 位";
         return false;
       }
     }
   </script>
 </head>
 <body>
   <h1>用户注册</h1>
```

```html
            <form name="myForm" action="code0401_register.php" method="post" onsubmit="return validateForm()">
                <label for="name">姓名:</label>
                <input type="text" id="name" name="name" required>
                <span class="error" id="name-error"></span>
                <label for="email">电子邮件地址:</label>
                <input type="email" id="email" name="email" required>
                <span class="error" id="email-error"></span>
                <label for="password">密码:</label>
                <input type="password" id="password" name="password" required>
                <span class="error" id="password-error"></span>
                <input type="submit" value="提交">
            </form>
        </body>
    </html>
```

2）启动 Adobe Dreamweaver CS6，创建 CSS 文件，输入以下代码，将文件保存到"C:\PHP\ch04\css\code0401_mystyle.css"中。

```css
@charset "utf-8";
body {
  font-family: Arial, sans-serif;
  background-color: #f1f1f1;
}
form {
  background-color: #fff;
  padding: 20px;
  max-width: 400px;
  margin: 0 auto;
  box-shadow: 0 0 10px rgba(0, 0, 0, 0.2);
}
label {
  display: block;
  margin-bottom: 8px;
}
input[type="text"],
input[type="email"],
input[type="password"] {
  width: 100%;
  padding: 12px;
  border: 1px solid #ccc;
  border-radius: 4px;
  box-sizing: border-box;
  margin-bottom: 16px;
}
input[type="submit"] {
  background-color: #4caf50;
  color: #fff;
  padding: 12px 20px;
```

```
      border: none;
      border-radius: 4px;
      cursor: pointer;
    }
    input[type="submit"]:hover {
      background-color: #3e8e41;
    }
    .error {
      color: red;
      margin-bottom: 8px;
    }
```

3）用 PHP 编写获取注册页面提交数据的后端文件。

启动 Adobe Dreamweaver CS6，创建符合 HTML5 标准的 PHP 文件，将文件保存到"C:\PHP\ch04\code0401_register.php"中，代码如下：

```php
<?php
    // 处理表单提交
    if ($_SERVER['REQUEST_METHOD'] == 'POST') {
    // 获取表单数据
    $name = $_POST['name'];
    $email = $_POST['email'];
    $password = $_POST['password'];

    // 验证表单数据
    $errors = array();
    if (empty($name)) {
        $errors[] = '姓名不能为空';
    }
    if (empty($email)) {
        $errors[] = '电子邮件地址不能为空';
    } else if (!filter_var($email, FILTER_VALIDATE_EMAIL)) {
        $errors[] = '电子邮件地址格式不正确';
    }
    if (empty($password)) {
        $errors[] = '密码不能为空';
    } else if (strlen($password) < 6) {
        $errors[] = '密码长度不能小于 6 位';
    }

    // 如果表单数据合法，将其保存到一个数组中
    if (empty($errors)) {
        $data = array(
            'name' => $name,
            'email' => $email,
            'password' => $password,
        );
        echo "<pre>\n";
```

```
            print_r($data);  //读取所有表单数据
            echo "</pre>\n";
        }
    }
?>
```

4）测试运行。

在浏览器的地址栏中输入 http://localhost/ch04/code0401_register_page.html，然后在页面中输入相应的数据，如图 4-1 所示，单击"提交"按钮，可以看到 code0401_register.php 程序运行的结果，如图 4-2 所示。

图 4-1　在表单中录入数据

```
Array
(
    [name] => 张三
    [email] => zhangsan@163.com
    [password] => 123456
)
```

图 4-2　获取表单提交的数据

4.2　使用 COOKIE 存储用户身份信息

COOKIE 是一种在远程浏览器端储存数据并以此来跟踪和识别用户的机制。COOKIE 常用于识别用户，是服务器留在用户计算机中的数据。每当相同的计算机通过浏览器请求页面时，它同时会发送 COOKIE。PHP 能够创建并获取 COOKIE 的值。

4.2
使用 COOKIE
存储用户身份
信息

4.2.1 PHP COOKIE 的用法

下面将从 COOKIE 的创建、读取、删除和设置四个方面来阐述。

1. 创建 COOKIE

可以用 setcookie() 或 setrawcookie() 函数来创建 COOKIE。COOKIE 是 HTTP 标头的一部分，因此 setcookie() 函数必须在其他信息被输出到浏览器前调用。可以使用输出缓冲函数来延迟脚本的输出，直到按需要设置好所有的 COOKIE 或者其他 HTTP 标头。

setcookie() 函数用于创建一个 COOKIE，语法如下：

```
setcookie(name, value, expire, path, domain, secure, httponly);
```

对应的参数描述，见表 4-1。

表 4-1 函数 setcookie() 的参数描述

参数	描述
name	必需。规定 COOKIE 的名称
value	必需。规定 COOKIE 的值
expire	可选。规定 COOKIE 的有效期
path	可选。规定 COOKIE 的服务器路径
domain	可选。规定 COOKIE 的域名
secure	可选。规定是否通过安全的 HTTPS 连接来传输 COOKIE
httponly	可选。规定是否限制 COOKIE 只能通过 HTTP 协议传输

示例：

```
<?php
setcookie("user", "zhangsan", time()+3600);
?>
<html>
<body>
</body>
</html>
```

在上面的例子中，创建了一个名为 "user" 的 COOKIE，其值为 "zhangsan"。COOKIE 将在 3600 秒后过期。函数 setcookie() 必须出现在 <html> 标签之前。

注意，在发送 COOKIE 时，COOKIE 的值会自动进行 URL 编码，在读取时进行自动解码（为防止 URL 编码，请使用 setrawcookie() 取而代之）。

2. 读取 COOKIE

使用 PHP 的全局变量 $_COOKIE 读取 COOKIE 的值。
语法示例：

```
<?php
echo $_COOKIE["user"];    // 输出名为 "user" 的 COOKIE 值
print_r($_COOKIE);        // 输出所有的 COOKIE
?>
```

在上面的例子中,取名为"user"的 COOKIE 的值,并把它显示在了页面上。另外,还输出了所有的COOKIE。

3. 删除 COOKIE

通过把过期时间设置为过去的时间点来删除 COOKIE。

语法示例:

```php
<?php
setcookie("user", "", time()-3600); // set the expiration date to one hour ago
?>
```

在上面的例子中,把名为"user"的 COOKIE 的过期时间设置为过去的 3600 秒,即可删除名为"user"的 COOKIE。

4. 设置 COOKIE

首先使用 setcookie()函数设置了一个名为"my_cookie"的 COOKIE,它的值为"Hello, World!",过期时间为 60 秒之后,路径为根目录"/",域名为空字符串(如果正在使用 localhost,则可以将域名设置为空字符串),不使用安全连接,且只能通过 HTTP 协议传输。接下来使用$_COOKIE 数组读取了名为"my_cookie"的 COOKIE 的值,并将其输出到屏幕上。

COOKIE 设置和读取的文件 cookie_set.php 代码如下:

```php
<?php
//设置 COOKIE
$name = 'my_cookie';
$value = 'Hello, World!';
$expire = time() + 60;  //过期时间为60秒之后
$path = '/';
$domain = '';
$secure = false;
setcookie($name, $value, $expire, $path, $domain, $secure, httponly);

// 读取 COOKIE
if (isset($_COOKIE[$name])) {
    $cookie_value = $_COOKIE[$name];
    echo "Cookie value is: ".$cookie_value;
} else {
    echo "Cookie not set.";
}
?>
```

运行结果如图 4-3 所示。

Cookie value is: Hello, World!

图 4-3　COOKIE 运行结果

等待 60 秒之后,COOKIE 过期,刷新该页面,再浏览页面运行结果,如图 4-4 所示。

Cookie not set.

图 4-4　COOKIE 已过期结果

请注意，浏览器要启用 COOKIE 支持，并确保浏览器未禁用 COOKIE。

4.2.2 用 COOKIE 跟踪用户登录实例

【实例 4-2】 用 COOKIE 跟踪用户登录。

【实现步骤】

1）编写用户登录页面的代码。

启动 Adobe Dreamweaver CS6，创建符合 HTML5 标准的 PHP 文件，将文件保存到 "C:\PHP\ch04\code0402_login_page.php" 中，代码如下：

```
<!doctype html>
<html>
<head>
<meta charset="utf-8">
<title>用 COOKIE 跟踪用户登录</title>
</head>
<body>
<form action="code0402_login_page.php" method="post">
<table border="0" align="center">
<tr><td align="center">用户名</td><td><input name="username" type="text"></td></tr>
<tr><td align="center">密码</td><td><input name="password" type="password"></td></tr>
<tr><td>Cookie 保存时间</td>
    <td><select name="time">
        <option value="0" selected>不保存</option>
<option value="1">保存 5 秒</option>
<option value="2">保存 1 小时</option>
<option value="3">保存 1 天</option>
</select></td></tr>
<tr><td colspan="2" align="center">
<input type="submit" name="Submit" value="登录">
<input type="reset" name="Submit2" value="重置"></td></tr>
</table>
</form>
</body>
</html>
<?php
if(isset($_POST['Submit']))
{
    $username=$_POST['username'];
    $password=$_POST['password'];
    $time=$_POST['time'];
    if($username=="zhangsan"&&$password=="123456")
    {
        switch($time)
        {
```

```
                    case 0:
                        setcookie("username",$username);
                        break;
                    case 1:
                        setcookie("username",$username,time()+5);
                        break;
                    case 2:
                        setcookie("username",$username,time()+60*60);
                        break;
                    case 3:
                        setcookie("username",$username,time()+24*60*60);
                        break;
                }
                header("location:code0402_login_sucess.php");
            }
            else
            {
                echo "<script>alert('登录失败');location.href='code0402_login.php';</script>";
            }
        }
    ?>
```

2）编写用户登录验证页面的代码。

启动 Adobe Dreamweaver CS6，创建符合 HTML5 标准的 PHP 文件，将文件保存到"C:\PHP\ch04\code0402_login_sucess.php"中，代码如下：

```
<?php
$username=$_COOKIE['username'];
if(!empty($username))
    echo "欢迎用户".$username."登录";
else
    echo "对不起，你无权限访问本页面";
?>
```

3）输入用户登录信息。

在浏览器的地址栏中输入 http://localhost/ch04/code0402_login_page.php，按<Enter>键，输入用户名：zhangsan，密码：123456，COOKIE 保存时间选择"保存 5 秒"，如图 4-5 所示。

图 4-5　用户登录页面

4）用户登录。

单击"登录"按钮即可浏览页面运行结果，如图 4-6 所示。

图 4-6　用户登录成功的页面

5）再次刷新页面。

过 5 秒之后，刷新页面 http://localhost/ch04/code0402_login_sucess.php，此时 COOKIE 已过期，页面显示如图 4-7 所示。

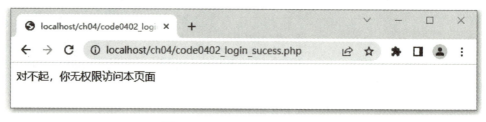

图 4-7　COOKIE 过期后的页面

其中，COOKIE 保存时间如果选择"不保存"，则 COOKIE 根据浏览器的默认时间保存；如果选择"保存 5 秒"，则 COOKIE 在 5 秒后过期，依此类推。

请注意，上面的示例仅演示了如何使用 COOKIE 实现用户登录跟踪的基本原理。在实际开发中，可能需要更多的安全措施，如使用加密的 COOKIE 值和设置 HTTPOnly 标志来防止跨站点脚本攻击。

4.3　使用 SESSION 存储用户会话信息

SESSION 变量用于存储有关用户会话的信息，或更改用户会话的设置。SESSION 变量保存的信息是单一用户的，并且可供应用程序中的所有页面使用。

4.3
使用SESSION
存储用户会话
信息

当运行一个应用程序时，打开程序、更改，然后关闭，这很像一次会话。计算机清楚用户是谁，它知道用户何时启动应用程序，并在何时终止。但是在互联网上，存在一个问题：服务器不知道用户是谁，以及用户要做什么，这是由于 HTTP 地址不能维持状态。

通过在服务器上存储用户信息以便随后使用，PHP SESSION 解决了这个问题（如用户名称、购买商品等）。不过，会话信息是临时的，在用户离开网站后将被删除。如果需要永久储存信息，可以把数据存储在数据库中。

SESSION 的工作机制是：为每个访问者创建一个唯一的 ID（UID），并基于这个 UID 来存储变量。UID 存储在 COOKIE 中，抑或通过 URL 进行传导。

4.3.1 PHP SESSION 的用法

下面将从 SESSION 的启动、存储、读取、检测和删除几个方面来阐述。

1. 启动 SESSION

在把用户信息存储到 PHP SESSION 中之前，首先必须启动会话。session_start()函数用于启动一个 SESSION，它必须位于<html>标签之前。

语法如下：

```
<?php session_start(); ?>
<html>
<body>
</body>
</html>
```

上面的代码会向服务器注册用户的会话，以便可以开始保存用户信息，同时为用户会话分配一个 UID。

2. 存储和读取 SESSION

存储和读取 SESSION 变量的正确方法是使用 PHP 全局变量$_SESSION。

示例：

```
<?php
session_start();
// store session data
$_SESSION['views']=1;
?>
<html>
<body>
<?php
//retrieve session data
echo "Pageviews=". $_SESSION['views'];  //输出：Pageviews=1
?>
</body>
</html>
```

在上面的示例中，先启动会话，然后把数值 1 存储在会话中，最后输出该会话的数组。

3. 检测 SESSION

使用 isset()函数来检测 SESSION 变量是否被赋值，语法示例如下：

```
<?php
session_start();
if(isset($_SESSION['views']))
  $_SESSION['views']=$_SESSION['views']+1;
else
  $_SESSION['views']=1;
echo "Views=". $_SESSION['views'];
?>
```

在上面的示例中，创建了一个简单的 page-view 计数器。isset() 函数检测 SESSION 是否已设置"views"变量。如果已设置"views"变量，累加计数器。如果"views"不存在，则创建"views"变量，并把它设置为 1。

4．删除 SESSION

如果希望删除某些 SESSION 数据，可以使用 unset()或 session_destroy()函数。

unset()函数用于释放指定的 SESSION 变量，语法如下：

```php
<?php
unset($_SESSION['views']);
?>
```

也可以通过 session_destroy() 函数彻底终结 SESSION，语法如下：

```php
<?php
session_destroy();
?>
```

session_destroy() 将重置 SESSION，将失去所有已存储的 SESSION 数据。

4.3.2 用 SESSION 实现购物车实例

【实例 4-3】用 SESSION 实现购物车，可以实现将物品存入购物车、将购物车物品删除、修改购物物品数量、对购物车物品进行统计、统计总数量、计算总金额等功能。

4.3
【实例 4-3】

【实现步骤】

1）编写商品列表页面代码。启动 Adobe Dreamweaver CS6，创建符合 HTML5 标准的空白 HTML 页面，输入以下代码：

```html
<!doctype html>
<html>
<head>
<meta charset="utf-8">
<title>用 SESSION 实现购物车实例</title>
<link href="css/code0403_mystyle1.css" rel="stylesheet" type="text/css" />
<link href="css/code0403_mystyle2.css" rel="stylesheet" type="text/css" />
<script>
$(document).ready(function() {
    $("#form1").validate();
});
</script>
</head>
<body>
<form>
<fieldset>
<p><button class="item-button3" onClick="javascript:{return false;}">商品列表</button></p>
</fieldset>
```

```
        </form>
        <form name="form1" id="form1" action="code0403_cart.php" method="POST">
        <fieldset>
            <label for="yd1" class="item-label"><input type="checkbox" id="yd1" name="cart[]" value="手机"/>手机<span>￥5000</span><input type="hidden" name="r<?php echo md5("手机"); ?>" value="5000" /></label>
            <label for="yd2" class="item-label"><input type="checkbox" id="yd2" name="cart[]" value="钱包"/>钱包<span>￥1000</span><input type="hidden" name="r<?php echo md5("钱包"); ?>" value="1000" /></label>
            <label for="yd3" class="item-label"><input type="checkbox" id="yd3" name="cart[]" value="墨镜"/>墨镜<span>￥500</span><input type="hidden" name="r<?php echo md5("墨镜"); ?>" value="500" /></label>
            <label for="yd4" class="item-label"><input type="checkbox" id="yd4" name="cart[]" value="手表"/>手表<span>￥3000</span><input type="hidden" name="r<?php echo md5("手表"); ?>" value="3000" /></label>
            <label for="yd5" class="item-label"><input type="checkbox" id="yd5" name="cart[]" value="背包"/>背包<span>￥200</span><input type="hidden" name="r<?php echo md5("背包"); ?>" value="200" /></label>
        </fieldset>
        <p><input type="submit" class="item-submit" value="购买" /></p>
        </form>
        <form>
        <fieldset>
        <p><button class="item-button1" onClick="javascript:{window.open('code0403_cart.php','_self','');return false;}">查看购物车</button>
        <input type="button" class="item-button2" value="刷新" onclick="location='code0403_cart_page.php';" />
        </p>
        </fieldset>
        </form>
        </body>
        </html>
```

2）启动 Adobe Dreamweaver CS6，创建 CSS 文件，将文件保存到"C:\PHP\ch04\css\code0403_mystyle1.css"中，代码如下：

```
        @charset "utf-8";
        /* CSS Document */
        body {font-family:Microsoft Yahei;font-size:14px;}
        form {width:620px;MARGIN:0px auto;CLEAR:both;}
        p {height:30px;line-height:30px;margin-left:10px;}
        p .item-label {float:left;width:80px;text-align:right;}
        .item-text{float:left;width:240px;height:20px;padding:3px 25px 3px 5px;margin-left:10px; border:1px solid #ccc; overflow:hidden;}
        .item-submit {float:left;height:30px;width:50px;margin-left:90px;font-size:14px;}
```

3）启动 Adobe Dreamweaver CS6，创建 CSS 文件，将文件保存到"C:\PHP\ch04\css\code0403_mystyle2.css"中，代码如下：

```css
@charset "utf-8";
form{
 width: 350px;
 border-bottom: 1px solid #C9DCA6;
 margin-bottom: 10px;
}
 .item-label{
 width: 65px;
 text-align: center;
 font-weight:normal;
}
 .item-label span{
 color: #F00;
}
.item-submit{
 margin-left: 300px;
}
fieldset {
 border: none;
 font-weight:bold;
}
legend {
 text-align: center;
}
label.error { display: none; }
.item-button{
 float: left;
 height: 30px;
 width: 90px;
 margin-left: 120px;
 font-size: 14px;
}
.item-button1{
 float: left;
 height: 30px;
 width: 90px;
 margin-left: 50px;
 font-size: 14px;
}
.item-button2{
 float: left;
 height: 30px;
 width: 50px;
 margin-left: 50px;
 font-size: 14px;
}
.item-button3{
```

```
        float: left;
        height: 30px;
        width: 100px;
        margin-left: 100px;
        font-family: Microsoft Yahei;
        font-size: 20px;
        font-weight:bolder;
        background:none;
        border:none;
        }
```

4)检查代码后,将文件保存到"C:\PHP\ch04\code0403_cart_page.php"中,在浏览器的地址栏中输入 http://localhost/ch04/code0403_cart_page.php,按<Enter>键即可浏览页面运行结果,如图4-8 所示。

图 4-8 SESSION 实现购物车(商品列表)

5)编写购物车处理程序"code0403_cart.php"。启动 Adobe Dreamweaver CS6,创建符合 HTML5 标准的空白 HTML 页面,将所有源代码替换为以下代码:

```
<?php
//处理页面开启SESSION功能,存储SESSION的值
session_start(); //启用SESSION
header('Content-Type:text/html; charset=utf-8');
if(!isset($_SESSION['cart'])){ //查看当前SESSION中是否已经定义了购物车变量
    $_SESSION['cart'] = array(); //没有的话就新建一个变量,其值是一个空数组
    //SESSION销毁之后变为空
}
if(isset($_POST['cart'])){//是否是从商品页面提交过来的
    /* 如果是,则把提交过来的商品加到购物车中
    定义关联数组,其键为商品名称,其值为一个数组,包括商品数量与商品价格
    第一次买进的商品,其商品数量为1 */
    for($i = 0; $i <count($_POST['cart']); $i++ ){
        $c = $_POST['cart'][$i];
        $rice=$_POST['r'.md5($c)];
        if(array_key_exists($c, $_SESSION['cart'])){
```

```php
            $_SESSION['cart'][$c][0] = $_SESSION['cart'][$c][0] +1;
        }else{
            $_SESSION['cart'][$c] = array(1,$rice);
        }
    }
}
//是否从购物车管理界面提交过来的
if(isset($_POST['d']) && isset($_POST['submitbtn']) && $_POST['submitbtn']=='修改数量'){
    foreach($_POST['d'] as $c){
        //如果是,则修改购物车
        $_SESSION['cart'][$c][0]=$_POST['n'.md5($c)];
    }
}
//是否从购物车管理界面提交过来的
if(isset($_POST['d']) && isset($_POST['submitbtn']) && $_POST['submitbtn']=='撤销购物'){
    foreach($_POST['d'] as $c){
        /*如果是,则将提交过来的商品序号从购物车数组中删除*/
        unset($_SESSION['cart'][$c]);
    }
}
//清空购物车
if(isset($_GET['delall']) && $_GET['delall']==1 && isset($_SESSION['cart'])){
    unset($_SESSION['cart']);
}
?>
<!doctype html>
<html>
<head>
<meta charset="utf-8">
<title>用SESSION实现购物车实例</title>
<link href="css/code0403_mystyle1.css" rel="stylesheet" type="text/css" />
<link href="css/code0403_cartcss.css" rel="stylesheet" type="text/css" />
<script>
$(document).ready(function() {
    $("#form1").validate();
});
</script>
</head>
<body>
<form name="form1" id="form1" action="code0403_cart.php" method="POST">
<fieldset>
<legend>选购商品汇总</legend>
<?php
if(isset($_SESSION['cart']))
  {
```

```
        $cart = $_SESSION['cart'];   //得到购物车
        $j=0;
        $n=0; //商品总数量
        $t=0; //商品总金额
        foreach($cart as $i=>$c){       //对购物车里的商品进行遍历
            //将商品的名字输出到页面上,每个商品前面对应一个多选框,其值是商品在购物车中的编号
            //用d作为购物车管理界面中购物车所有的商品,用于购物车页面撤销/删除某些商品的业务处理
            echo "<br/>";
            echo '<label for="gwc'.$j.'" class="item-label"><input type="checkbox" id="gwc'.$j.'" name="d[]" value="'.$i.'"/>'.$i.' 数量: <input name="n".md5($i)."' value="'.$c[0].'" size="1" type="digits" range="[1,99]" />小计: <span>¥'.($c[0]*$c[1]).'</span></label>';
            $j++;
            $n+=$c[0];
            $t+=$c[0]*$c[1];
        }
        if($n>0)
            echo "<br/>";
            echo '<label class="item-label"> 合计总数量: '.$n.'  总金额: <span>¥'.$t.'</span></label>';
        }
        ?>
        </fieldset>
        <p><input type="submit" name="submitbtn" class="item-button" value="修改数量" />
        <input type="submit" name="submitbtn" class="item-button" value="撤销购物" />
        <input type="button" class="item-submit" value="刷新" onclick="location='code0403_cart.php';" />
        <input type="button" class="item-submit" value="清空" onclick="location='code0403_cart.php?delall=1';" />
        <input type="button" class="item-button" value="继续购物" onclick="location='code0403_cart_page.php';" />
        </p>
        </form>
        </body>
        </html>
```

6) 启动 Adobe Dreamweaver CS6, 创建 CSS 文件, 将文件保存到 "C:\PHP\ch04\css\code0403_cartcss.css"中, 代码如下:

```
        @charset "utf-8";
        form{
         width: 500px;
        }
         .item-label{
         width: 500px;
         text-align: left;
         font-weight:normal;
```

```css
}
.item-label span{
color: #F00;
}
.item-submit{
margin-left: 3px;
}
label.error{
float: right;
}

label.tip{
float: right;
}
fieldset {
border: none;
font-weight:bold;
}
legend {
text-align: center;
}
label.error { display: none; }
.item-button{
float: left;
height: 30px;
width: 80px;
margin-left: 3px;
font-size: 14px;
}
```

7）检查代码后，将文件保存到"C:\PHP\ch04\code0403_cart.php"中。在浏览器的地址栏中输入 http://localhost/ch04/code0403_cart_page.php，选择商品，单击"购买"按钮，即可以看到程序运行的结果，如图4-9所示。

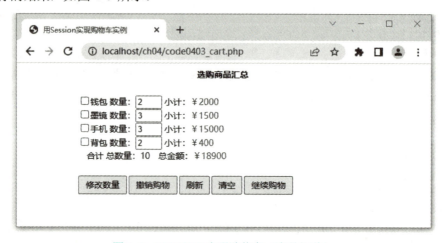

图 4-9　SESSION 实现购物车（商品汇总）

4.4 文件的上传

4.4 文件的上传

所谓文件上传，就是将客户端的文件复制到服务器端。有了文件上传的功能，用户不仅可以为网站动态添加附件，还可以实现网站中相关图片、Flash 动画、声音文件等的动态更新。若要 PHP 网站具有上传文件的功能，则首先应在其 php.ini 配置文件中开启 file_uploads，即设置为 "file_uploads = On"，还要设置上传文件所使用的临时目录 upload_tmp_dir，如设置为 "upload_tmp_dir ="C:\PHP\ch04\uploads\""，最后设置上传文件的最大容量值 upload_max_filesize。系统默认的最大容量值是 2MB，如要设置更大的容量（如 5MB），则需要对 upload_max_filesize 重新赋值，如 upload_max_filesize= 5M。

需要注意的是，在处理上传的文件时需要注意安全性问题，如检查上传的文件类型、大小、是否重名等，以防止恶意上传的文件危害服务器的安全。

4.4.1 创建文件上传表单

实现文件上传功能的前提是在客户端网页上创建一个表单，并且在表单上添加若干文件域，以方便用户选择本地磁盘上的文件进行上传，文件域相当于文本框，用于输入上传文件在本地磁盘上存放的位置。与普通文本框不同的是，在文件域旁边通常有一个"选择文件"按钮。在 HTML 中，用 input 标记创建一个文件域，语法格式如下：

```
<form action="upload_file.php" method="post" enctype="multipart/form-data">
<label for="file">文件名:</label>
<input type="file" name="file" id="file" /></br></br>
<input type="submit" name="submit" value="提交" />
</form>
```

请留意如下有关此表单的信息。

<form>标签的 enctype 属性规定了在提交表单时要使用哪种内容类型。在表单需要二进制数据（比如文件内容）时，请使用 "multipart/form-data"。

<input>标签的 type="file" 属性规定了应该把输入作为文件来处理。举例来说，当在浏览器中预览时，会看到输入框旁边有一个浏览按钮。

> 注意：允许用户上传文件是一个巨大的安全风险，请只允许可信的用户执行文件上传操作。

上面的文件上传表单的页面 "upload_file.html" 显示如图 4-10 所示。

图 4-10　文件上传表单

4.4.2 创建文件上传脚本

用户通过客户端浏览器提交上传表单之后，通过使用 PHP 的全局数组$_FILES，可以从客户计算机向远程服务器上传文件。PHP 将会自动生成一个$_FILES 数组，其中保存了上传文件的信息。"upload_file.php"文件含有供上传文件的代码，示例如下：

```php
<?php
if ($_FILES["file"]["error"] > 0)
  {
  echo "Error: " . $_FILES["file"]["error"] . "<br />";
  }
else
  {
  echo "Upload: " . $_FILES["file"]["name"] . "<br />";
  echo "Type: " . $_FILES["file"]["type"] . "<br />";
  echo "Size: " . ($_FILES["file"]["size"] / 1024) . " Kb<br />";
  echo "Stored in: " . $_FILES["file"]["tmp_name"];
  }
?>
```

第一个参数是表单的 input name，第二个下标可以是 "name" "type" "size" "tmp_name" 或 "error"。如下。

- $_FILES["file"]["name"]：被上传文件的名称。
- $_FILES["file"]["type"]：被上传文件的类型。
- $_FILES["file"]["size"]：被上传文件的大小，以字节计。
- $_FILES["file"]["tmp_name"]：存储在服务器的文件的临时副本的名称。
- $_FILES["file"]["error"]：由文件上传导致的错误代码。

这是一种非常简单的文件上传方式。基于安全方面的考虑，应当增加有关什么用户有权上传文件的限制。

上述文件上传页面 upload_file.html 提交之后，通过该 PHP upload_file.php 文件，运行结果如图 4-11 所示。

Upload: up1.docx
Type: application/vnd.openxmlformats-officedocument.wordprocessingml.document
Size: 11.2998046875 Kb
Stored in: C:\Windows\Temp\phpA61D.tmp

图 4-11　文件上传结果显示

4.4.3 创建文件上传限制

针对上面的脚本，增加对文件上传的限制。例如，用户只能上传.gif 或.jpeg 文件，文件大小必须小于 2MB，"upload_file_restrict.php"文件含有对上传文件的格式进行限制的代码，示例如下：

```php
<?php
if ((($_FILES["file"]["type"] == "image/gif")
```

```php
      || ($_FILES["file"]["type"] == "image/jpeg")
      || ($_FILES["file"]["type"] == "image/pjpeg"))
    && ($_FILES["file"]["size"] < 2000000))
     {
     if ($_FILES["file"]["error"] > 0)
       {
       echo "Error: " . $_FILES["file"]["error"] . "<br />";
       }
     else
       {
       echo "Upload: " . $_FILES["file"]["name"] . "<br />";
       echo "Type: " . $_FILES["file"]["type"] . "<br />";
       echo "Size: " . ($_FILES["file"]["size"] / 1024) . " Kb<br />";
       echo "Stored in: " . $_FILES["file"]["tmp_name"];
       }
     }
   else
     {
     echo "无效的文件！";
     }
   ?>
```

修改上述文件上传页面 upload_file.html 的 action="upload_file_restrict.php"，通过 "upload_file_restrict.php" 文件提交一个不是图片格式的文件，运行结果如图 4-12 所示。

无效的文件！

图 4-12 被限制的文件上传结果显示

> **注意**：对于 IE 浏览器，识别 jpg 文件的类型必须是 pjpeg，而对于 FireFox 浏览器，必须是 jpeg。

4.4.4 保存上传的文件

上面的例子在服务器的 PHP 临时文件夹创建了一个被上传文件的临时副本。这个临时的复制文件会在脚本结束时消失。因此，若要保存被上传的文件，需要把临时副本移动到另外指定的位置，PHP 使用 move_uploaded_file()函数将它复制到网站管理员指定的位置，此时，才算完成了文件上传。move_uploaded_file()函数的语法格式如下：

```
bool move_uploaded_file (string $filename, string $destination);
```

其功能是检查并确保$filename 文件是合法的上传文件。如果合法，则将其复制到$destination 指定的目录下，复制成功后返回 true；如果$filename 不是合法的上传文件，则不做任何操作，同时返回 FALSE。例如：

```
move_uploaded_file ($_FILES['myfile']['tmp_name'], "upload/index.txt");
```

本句代码表示将由表单文件域控件 "myfile" 上传的文件复制到 upload 目录下并将文件命名为 "index.txt"。

保存上传的文件，"upload_file_save.php" 文件含有对上传文件进行保存的代码，示例如下：

```php
<?php
if ((($_FILES["file"]["type"] == "image/gif")
|| ($_FILES["file"]["type"] == "image/jpeg")
|| ($_FILES["file"]["type"] == "image/pjpeg"))
&& ($_FILES["file"]["size"] < 2000000))
  {
  if ($_FILES["file"]["error"] > 0)
    {
    echo "Return Code: " . $_FILES["file"]["error"] . "<br />";
    }
  else
    {
    echo "Upload: " . $_FILES["file"]["name"] . "<br />";
    echo "Type: " . $_FILES["file"]["type"] . "<br />";
    echo "Size: " . ($_FILES["file"]["size"] / 1024) . " Kb<br />";
    echo "Temp file: " . $_FILES["file"]["tmp_name"] . "<br />";

    if (file_exists("C:\PHP\ch04\uploads/" . $_FILES["file"]["name"]))
      {
      echo $_FILES["file"]["name"] . " already exists. ";
      }
    else
      {
      move_uploaded_file($_FILES["file"]["tmp_name"],
      "C:\PHP\ch04\uploads/" . $_FILES["file"]["name"]);
      echo "Stored in: " . "C:\PHP\ch04\uploads/" . $_FILES["file"]["name"];
      }
    }
  }
else
  {
  echo "无效的文件!";
  }
?>
```

修改上述文件上传页面 upload_file.html 的 action="upload_file_save.php",提交文件,通过 "upload_file_save.php" 文件,运行结果如图 4-13 所示。

图 4-13 文件保存结果显示

上面的代码检测了是否已存在此文件,如果不存在,则把文件复制到指定的文件夹。这个例子把文件保存到了"C:\PHP\ch04\uploads"的文件夹。

4.4.5 文件上传实例

【实例 4-4】 实现单个文件上传。
【实现步骤】

4.4
【实例 4-4】
【实例 4-5】

1)启动 Adobe Dreamweaver CS6,创建符合 HTML5 标准的空白 HTML 页面,输入以下代码:

```
<!DOCTYPE html>
<html>
<head>
<meta charset="utf-8">
<title>单个文件上传</title>
</head>
<body>
<h1>文件上传</h1>
<form action = "code0404.php" method="post" enctype="multipart/form-data">
<input type="file" name="file">
<input type="submit" value="上传">
</form>
<?php
if ($_SERVER['REQUEST_METHOD'] === 'POST') {
    $targetDirectory = 'uploads/';
    $targetFile = $targetDirectory.basename($_FILES['file']['name']);
    $uploadOk = 1;
    $imageFileType = strtolower(pathinfo($targetFile, PATHINFO_EXTENSION));

    // 检查文件类型
    if ($imageFileType != 'jpg' && $imageFileType != 'png' && $imageFileType != 'jpeg' && $imageFileType != 'gif') {
        echo '只允许上传 JPG、JPEG、PNG 和 GIF 格式的图片文件。';
        $uploadOk = 0;
    }

    // 如果没有出现错误,尝试上传文件
    if ($uploadOk) {
        if (move_uploaded_file($_FILES['file']['tmp_name'], $targetFile)) {
            echo '文件上传成功。';
        } else {
            echo '文件上传失败。';
        }
    }
```

```
        }
        ?>
        </body>
        </html>
```

2）检查代码后，将文件保存到"C:\PHP\ch04\code0404.php"中，在浏览器的地址栏中输入 http://localhost/ch04/code0404.php，按<Enter>键即可浏览页面运行结果，如图 4-14 所示。

图 4-14　单个文件上传举例

3）单击"选择文件"按钮，将会出现选择上传文件的对话框，选择一个 jpeg 格式图片上传，上传成功后显示的页面如图 4-15 所示。

图 4-15　单个文件上传成功

【实例 4-5】　实现多个文件上传。

PHP 支持同时上传多个文件并将它们的信息自动以数组形式组织。要实现此功能，需要在 HTML 表单中动态地产生多个上传文件域，其文件域的名称应定义为形如 userfile[] 的数组形式，这需要借助客户端的 JavaScript 来实现。

【实现步骤】

1）启动 Adobe Dreamweaver CS6，创建符合 HTML5 标准的空白 HTML 页面，将所有源代码替换为以下代码：

```
        <!doctype html>
        <html>
        <head>
        <meta charset="utf-8">
        <title>多个文件上传</title>
        </head>
        <body>
        <h2>上传文件</h2>
```

```
<script type="text/javascript">
function add()    //用JavaScript编写的函数，用来实现动态生成文件域
{
    upload.innerHTML+="要上传文件：<input type=file name='userfile[]'><br>";
}
</script>
<form name="form1" action="code0405.php" method="post" enctype="multipart/form-data" >
    <input type="hidden" name="MAX_FILE_SIZE" value="2048000" id="hiddenField"/>
    <div id=upload>要上传文件：<input name='userfile[]' type="file" /><br></div>
    <input type="button" onclick="add()" value="添加要上传的文件" />
    <input type="submit" value="上传文件" />
</form>
<?php
for($j=0; $j<sizeof($_FILES['userfile']['name']); $j++)
{
    $ext=substr($_FILES['userfile']['name'][$j], strrpos($_FILES['userfile']['name'][$j],"."));
    $upfile='C:\PHP\ch04\uploads/'.'example_'.$_FILES['userfile']['name'][$j].time().$ext;
    if(is_uploaded_file($_FILES['userfile']['tmp_name'][$j]))
    {
        if(!move_uploaded_file($_FILES['userfile']['tmp_name'][$j], $upfile))
        {
            $n = $j+1;
            echo '第'.$n.'问题在于：无法上传到指定路径';
            exit;
        }
    }
    else
    {
        $n = $j+1;
        echo '第'.$n.'问题在于：上传的文件格式不符合要求';
        echo $_FILES['userfile']['name'][$j];
        exit;
    }
    $n = $j+1;
    echo '第'.$n.'个文件上传成功'."<br/>";
}
?>
</body>
</html>
```

2）检查代码后，将文件保存到"C:\PHP\ch04\code0405.php"中，在浏览器的地址栏中输入 http://localhost/ch04/code0405.php，按<Enter>键即可浏览页面运行结果，如图 4-16 所示。

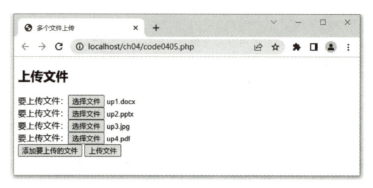

图 4-16　多个文件上传

3）单击"选择文件"按钮，将会出现选择上传文件的对话框，逐一选择多个文件上传，上传成功后显示的页面如图 4-17 所示。

图 4-17　多个文件上传成功

4.5　文件上传漏洞与安全防护

本节将从文件上传漏洞的危害、检查文件类型防止上传漏洞，以及文件上传漏洞的综合安全防护三个方面来阐述。

4.5 文件上传漏洞与安全防护

4.5.1　文件上传漏洞的危害

在 Web 系统中，允许用户上传文件作为一个基本功能是必不可少的，如论坛允许用户上传附件，多媒体网站允许用户上传图片，视频网站允许上传头像、视频等。但如果不能正确地认识到文件上传所带来的安全风险，不加防范，会给整个系统带来毁灭性的灾难。

PHP Web 系统文件上传漏洞可能导致以下几个方面的危害。

- 执行恶意代码：如果攻击者成功利用文件上传漏洞上传恶意文件，那么攻击者可以通过上传的恶意文件执行任意的恶意代码。这可能导致服务器被入侵、数据泄露、系统崩溃或其他严重后果。
- 网站被篡改：攻击者上传恶意文件后，可以利用该文件修改或替换服务器上的合法文件，从而篡改网站的内容。这可能会破坏网站的完整性、信誉和用户体验，损害企业形象，并导致数据泄露或用户信息被盗。

- 远程命令执行：如果攻击者上传的文件被存储在 Web 根目录或其他可执行文件目录中，他们可以通过上传的文件触发远程命令执行漏洞，从而执行任意系统命令。这可能会使攻击者完全控制服务器，访问敏感数据、执行恶意操作或进一步入侵内部系统。
- 文件包含漏洞：如果应用程序在处理上传的文件时存在文件包含漏洞，攻击者可以上传恶意文件并通过包含该文件来执行恶意代码。这可能会导致服务器被入侵、敏感信息泄漏或系统完全崩溃。
- 拒绝服务（DoS）攻击：攻击者可以通过上传大量大型文件或无效文件来占用服务器资源，导致服务器负载过高或崩溃，从而使系统无法提供正常的服务。

综上所述，PHP 文件上传漏洞可能导致严重的安全威胁和系统风险。因此，必须采取适当的安全措施来防止和处理文件上传漏洞，以保护服务器和应用程序的安全性。

4.5.2 检查文件类型防止上传漏洞

如果上传文件的功能没有做任何防护措施，则很容易遭受攻击，比如上传一个含有恶意代码的 PHP 程序，从而导致服务器被入侵。所以针对上传文件进行限制，通常首先是限制上传文件的类型。

【实例 4-6】 检查文件类型，防止上传漏洞。

【实现步骤】

1）启动 Adobe Dreamweaver CS6，创建符合 HTML5 标准的空白 HTML 页面，将所有源代码替换为以下代码：

```php
<?php
if ($_SERVER['REQUEST_METHOD'] === 'POST') {
    $targetDirectory = 'uploads/';
    $targetFile = $targetDirectory.basename($_FILES['file']['name']);
    $imageFileType = strtolower(pathinfo($targetFile, PATHINFO_EXTENSION));
    // 检查文件类型，建立白名单
    if ($imageFileType != 'jpg' && $imageFileType != 'png' && $imageFileType != 'jpeg' && $imageFileType != 'gif') {
        echo '文件格式错误，禁止上传！只允许上传 JPG、JPEG、PNG 和 GIF 格式的图片文件！';
        exit;
    }
    // 如果没有出现错误，尝试上传文件
    if (move_uploaded_file($_FILES['file']['tmp_name'], $targetFile)) {
        echo '文件上传成功！';
    } else {
        echo '文件上传失败！';
    }
}
?>
<!DOCTYPE html>
<html>
<head>
    <meta charset="utf-8">
    <title>检查文件类型防止上传漏洞</title>
```

```
    </head>
    <body>
        <h1>文件上传示例</h1>
        <form method="post" enctype="multipart/form-data">
            <input type="file" name="file">
            <input type="submit" value="上传">
        </form>
    </body>
</html>
```

2)检查代码后,将文件保存到"C:\PHP\ch04\code0406.php"中,在浏览器的地址栏中输入 http://localhost/ch04/code0406.php,按<Enter>键,上传一个 word 格式的文件,运行结果如图 4-18 所示。

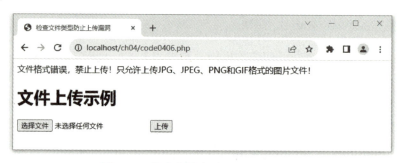

图 4-18　检查文件类型,防止上传漏洞

在上述示例中,仍然存在以下问题。
- 文件类型验证不完善:虽然对文件类型进行了基本的验证,但只允许了特定的图片文件类型(JPG、JPEG、PNG 和 GIF)。如果攻击者上传一个恶意的 PHP 脚本,并将其扩展名改为允许的图片扩展名之一,系统将接受并存储该文件,从而导致恶意代码执行。
- 文件名处理不安全:上传的文件名没有经过安全处理。攻击者可以构造特殊的文件名,包含路径遍历或其他恶意字符,以绕过目标文件夹的安全限制,将文件存储到非预期的位置。
- 文件存储位置不合适:示例中的文件上传目录(uploads/)可能位于 Web 根目录下,这可能会导致直接通过 URL 访问上传的文件,从而暴露敏感数据或执行恶意代码。
- 缺乏进一步的安全措施:示例中缺乏对文件内容的验证,例如,检查文件的真实类型或执行恶意代码的特征。此外,示例中没有实现安全的文件上传处理代码,如文件名处理、文件大小验证和错误处理等。

注意,这只是一个简单的示例,存在多个安全问题。在实际开发中,必须采取综合的安全措施来防止文件上传漏洞的出现。

4.5.3　文件上传漏洞的综合安全防护

要确保文件上传的多方面安全性,可以采取以下措施。
- 文件类型验证:对于文件上传功能,必须验证上传文件的类型。可以使用文件扩展名或者文件的 MIME 类型(设定某种扩展名的文件用一种应用程序来打开的方式类型)进行验证,以确保只允许上传合法的文件类型。这可以通过检查文件的扩展名或使用

$\_FILES$ 数组中的 type 字段来完成。
- 文件大小限制：限制文件上传的大小是很重要的。可以通过设置 upload_max_filesize 和 post_max_size 这两个 PHP 配置选项来限制上传文件的大小。此外，还可以在前端和后端都进行验证，确保文件大小不超过所期望的限制。
- 文件名处理：对于用户上传的文件，要对文件名进行处理，以防止可能的安全问题。建议使用安全的文件名，可以使用某些函数（如 basename()和 pathinfo()）来获取文件名的安全版本。同时，不应该仅依赖于客户端提供的文件名，最好使用自己生成的文件名。
- 存储位置处理：确保上传的文件存储在安全的位置。最好将上传的文件存储在非 Web 根目录的位置，这样可以防止直接通过 URL 访问上传的文件。另外，要对存储文件的目录设置适当的权限，以防止恶意用户执行文件。
- 文件内容验证：在保存上传文件之前，要进行文件内容的验证。可以使用文件验证库或检查文件头部，以确保文件的内容是符合预期的。这可以防止恶意文件上传，例如，上传包含恶意代码的文件。
- 安全的上传处理代码：编写安全的上传处理代码至关重要。确保在处理上传文件时，采用适当的安全编码实践，例如，禁用 eval()函数、使用过滤器或编写自定义验证规则等。此外，要对用户输入进行适当的过滤和验证，以防止任何潜在的安全漏洞。
- 日志记录：记录文件上传操作是一种好的做法，这样可以发现潜在的安全问题或异常行为；日志记录还可以用来进行安全审计和调查。
- 定期更新和进行安全性审查：确保定期更新和审查上传文件的处理代码及安全措施。随着时间的推移，新的安全漏洞可能会出现，并且需要及时采取措施来保护系统免受潜在的攻击。

注意，以上只是一些基本的安全建议，实际的安全实施可能因应用程序的具体需求和环境而有所不同。

【实例 4-7】 文件上传漏洞的综合安全防护。

【实现步骤】

1）启动 Adobe Dreamweaver CS6，创建符合 HTML5 标准的空白 HTML 页面，将所有源代码替换为以下代码：

```php
<?php
if ($_SERVER['REQUEST_METHOD'] === 'POST') {
    $targetDirectory = 'uploads/';
    $file = $_FILES['file'];

    // 检查文件类型，建立白名单
    $imageFileType = strtolower(pathinfo($file['name'], PATHINFO_EXTENSION));
    $allowedExtensions = array('jpg', 'jpeg', 'png', 'gif');
    if (!in_array($imageFileType, $allowedExtensions)) {
        echo '文件格式错误，禁止上传！只允许上传 JPG、JPEG、PNG 和 GIF 格式的图片文件！';
        exit;
    }

    // 检查文件大小，配置文件规定值为 2MB
    if($file['error']>0){
```

```php
            echo "文件大小错误！";
            switch($file['error']){
                case 1:
                    echo "上传文件大小超出配置文件规定值！";
                break;
                case 2:
                    echo "上传文件大小超出表单中的约定值！";
                break;
                case 3:
                    echo "文件只有部分被上传！";
                break;
                case 4:
                    echo "没有文件被上传！";
                break;
                }
            exit;
        }

        // 生成安全的文件名
        $uniqueFilename = uniqid('file_', true) . '.' . $imageFileType;
        $targetFile = $targetDirectory.$uniqueFilename;

        // 移动上传的文件到目标位置
        if (move_uploaded_file($file['tmp_name'], $targetFile)) {
            echo '文件上传成功！';
        } else {
            echo '文件上传失败！';
        }
    }
?>

<!DOCTYPE html>
<html>
<head>
    <meta charset="utf-8">
    <title>文件上传漏洞的综合安全防护</title>
</head>
<body>
    <h1>文件上传示例</h1>
    <form method="post" enctype="multipart/form-data">
        <input type="file" name="file">
        <input type="hidden" name="MAX_FILE_SIZE" value="1000000">
        <input type="submit" value="上传">
    </form>
</body>
</html>
```

2）检查代码后，将文件保存到"C:\PHP\ch04\code0407.php"中，在浏览器的地址栏中输入 http://localhost/ch04/code0407.php，按<Enter>键，上传一个大小超出 2MB 的图片，运行结果如图 4-19 所示。

图 4-19　文件上传漏洞的综合安全防护

上述改进的综合防护程序采取了以下措施。
- 更严格的文件类型验证：使用白名单机制，只允许特定的图片文件类型（JPG、JPEG、PNG 和 GIF）。通过使用 in_array()函数来检查文件类型是否在允许的扩展名列表中。
- 更严格的文件大小验证：系统默认为 2MB，即配置文件 php.ini 中 upload_max_filesize = 2MB，如果上传文件大小超过该限制，则阻止文件上传。
- 生成安全的文件名：使用 uniqid()函数生成唯一的文件名，避免使用用户提供的文件名，从而防止恶意构造的文件名。
- 将上传文件移动到安全位置：将上传的文件移动到非 Web 根目录的目录中，防止直接通过 URL 访问上传的文件。使用 PHP 的 move_uploaded_file()函数只能确保将上传的文件移动到指定目录中，但并不能保证目录的安全性。所以，在处理文件上传时，除了移动文件，还需要考虑目录权限、文件名安全、文件类型验证等安全措施。

注意，这仅仅是一个基本的综合防护示例，实际的安全需求可能因应用程序的具体需求和环境而有所不同。

本章实训

1．用 PHP 实现成绩登记的页面交互功能，将成绩保存在数组中，并在页面上显示出来，另外需要用 CSS 美化页面。

2．编写一个 PHP 程序，用于跟踪用户的访问次数。程序应该按照以下规则运行。

（1）如果用户第一次访问网站，程序应该显示"欢迎您的首次访问！"。

（2）如果用户之前已经访问过网站，程序应该显示"欢迎回来！您已经访问了 X 次。"，其中，X 表示用户访问网站的次数。

（3）每当用户访问网站时，访问次数应该加 1，并将访问次数存储在 COOKIE 中，以便在下一次访问时使用。

> 提示：可以使用名为"visit_count"的 COOKIE 来存储用户的访问次数。

3．用 SESSION 编写一个简单的购物车程序，并考虑安全防护措施。

第 5 章 MySQL 数据库与安全防护

本章导读

PHP Web 应用系统都是基于数据库的，只有与数据库相结合，PHP 才能充分展现其动态网页编程语言的魅力。PHP 支持多种数据库，其中支持度最高的是 MySQL。MySQL 通过 SQL 语句对数据库进行操作。本章将详细介绍 MySQL 数据库的基础知识，以及使用 PHP 程序对数据库进行基本操作的方法。本章还介绍了 SQL 注入漏洞及其安全防护技术。

学习目标

- 熟悉 MySQL 数据库的特点与使用方法。
- 掌握使用 phpMyAdmin 图形化管理工具管理 MySQL 数据库的方法。
- 掌握使用 PHP 程序操作 MySQL 数据库的方法。
- 掌握 SQL 注入漏洞与安全防护技术。

素养目标

- 养成数据备份的良好习惯，增强防患于未然的安全意识。
- 掌握数据库管理方法，建立追求卓越、勇于拼搏的奋斗精神。

5.1 MySQL 数据库的使用

本节将从 MySQL 数据库的概述、数据类型、MySQL 服务器、数据库、数据表、表记录、备份和恢复等几个方面来阐述。

5.1.1 MySQL 数据库概述

下面从 MySQL 概念、特点，以及与 PHP 的结合三个方面来介绍。

1. MySQL 概念

数据库是按照数据结构来组织、存储和管理数据的仓库，每个数据库都有一个或多个不同的 API 用于创建、访问、管理、搜索和复制所保存的数据。数据也可以存储在文件中，但是在文件中读写数据的速度相对较慢，所以，通常使用关系型数据库管理系统（RDBMS）来存储和管理大数据量。所谓的关系型数据库，是建立在关系模型基础上的数据库，借助集合代数等数学概念和方法来处理数据库中的数据。

MySQL 是目前广为流行的数据库管理系统,它是一种开放源代码的关系型数据库管理系统,由瑞典 MySQL AB 公司开发。目前 MySQL 被广泛应用于互联网上的中小型网站中。由于其体积小、速度快、总体拥有成本低,尤其是开放源码,为许多中小型网站所喜爱。MySQL 官方网站的网址是 "www.mysql.com"。

2. MySQL 的特点

MySQL 之所以最为流行,是因为 MySQL 有如下特点。

- 支持跨平台:MySQL 支持 Windows、Linux、macOS、FreeBSD、OpenBSD、OS/2 Wrap、Solaris 和 SunOS 等多种操作系统平台。在任何平台下编写的程序都可以移植到其他平台,而不需要对程序做任何修改。
- 支持多种开发语言:MySQL 为多种开发语言提供了 API 支持。这些开发语言包括 C、C++、C#、Delphi、Java、Perl、PHP、Python、Ruby 等。
- 运行速度快:使用优化的 SQL 查询算法,有效地提高了查询速度。
- 数据库存储容量大:MySQL 数据库的最大有效表容量通常取决于操作系统对文件大小的限制,而不是 MySQL 内部限制。InnoDB 存储引擎将 InnoDB 表存储在一个表空间内,该表空间的最大容量为 64TB,可由数个文件创建,可以轻松处理拥有上千万条记录的大型数据库。
- 安全性高:灵活安全的权限和密码系统允许主机的基本验证。连接到服务器时,所有密码传输均采用加密的形式。
- 成本低:MySQL 数据库是一个完全免费的产品,用户可以直接使用。

3. PHP 与 MySQL 的完美结合

基于 MySQL 的以上特点,再结合 PHP 的优势,PHP 和 MySQL 联合开发 Web 应用系统具有很大优势。

- 与其他开发 Web 应用系统的组合相比,PHP 与 MySQL 的组合更加安全,运行速度更快。
- 二者都为免费资源,且都简单易用,安全效率比 ASP+MSSQL 等开发组合要好很多。

基于以上得天独厚的特点,使用以 PHP 为核心的 PHP+MySQL 经典组合来开发 Web 应用,将大大提高程序员的工作效率,且成本也较低。

5.1.2 MySQL 数据库的数据类型

数据类型也称字段类型或列类型,数据表中的每个字段都可以设置数据类型。MySQL 支持多种类型:数值类型、日期/时间类型和字符串类型。

5.1.2
MySQL 数据库的数据类型

1. 数值类型

MySQL 支持所有标准 SQL 数值数据类型。这些类型包括严格数值数据类型(INTEGER、SMALLINT、DECIMAL 和 NUMERIC)以及近似数值数据类型(FLOAT、REAL 和 DOUBLE PRECISION)。关键字 INT 是 INTEGER 的缩写,关键字 DEC 是 DECIMAL 的缩写。

作为 SQL 标准的扩展,MySQL 也支持整数类型 TINYINT、MEDIUMINT 和 BIGINT。每个整数类型的存储和范围见表 5-1。

表 5-1　整数类型的存储和范围

类型	存储空间	取值范围（有符号）	取值范围（无符号）
TINYINT	1 个字节	−128～127	0～255
SMALLINT	2 个字节	−32768～32767	0～65535
MEDIUMINT	3 个字节	−8388608～8388607	0～16777215
INT	4 个字节	−214748364～2147483647	0～4294967295
BIGINT	8 个字节	−9223372036854775808～9223372036854775807	0～18446744073709551615

2. 日期/时间类型

表示时间值的类型有 DATE、TIME、YEAR、DATETIME 和 TIMESTAMP。每个时间类型有一个有效值范围和一个"零"值，当指定不合法的 MySQL 不能表示的值时使用"零"值。TIMESTAMP 类型有专有的自动更新特性。日期/时间类型的存储空间和范围见表 5-2。

表 5-2　日期/时间类型的存储空间和范围

类型	存储空间	范围	格式
DATE	3 个字节	1000-01-01/9999-12-31	YYYY-MM-DD
TIME	3 个字节	'-838:59:59'/'838:59:59'	HH:MM:SS
YEAR	1 个字节	1901/2155	YYYY
DATETIME	8 个字节	1000-01-01 00:00:00/9999-12-31 23:59:59	YYYY-MM-DD HH:MM:SS
TIMESTAMP	4 个字节	1970-01-01 00:00:00/2037 年某时	YYYYMMDD HHMMSS

3. 字符串类型

字符串类型有 CHAR、VARCHAR、BINARY、VARBINARY、BLOB、TEXT、ENUM 和 SET。字符串的类型存储、大小和用途见表 5-3。

表 5-3　字符串的类型存储、大小和用途

类型	大小	用途
CHAR	0～255 字节	定长字符串
VARCHAR	0～65535 字节	变长字符串
TINYBLOB	0～255 字节	不超过 255 个字符的二进制字符串
TINYTEXT	0～255 字节	短文本字符串
BLOB	0～65 535 字节	二进制形式的长文本数据
TEXT	0～65 535 字节	长文本数据
MEDIUMBLOB	0～16 777 215 字节	二进制形式的中等长度文本数据
MEDIUMTEXT	0～16 777 215 字节	中等长度文本数据
LONGBLOB	0～4 294 967 295 字节	二进制形式的极大文本数据
LONGTEXT	0～4 294 967 295 字节	极大文本数据

CHAR 和 VARCHAR 类型类似，但它们保存和检索的方式不同。它们的最大长度和尾部空格是否被保留等方面也不同。在存储或检索过程中不进行大小写转换。

BINARY 和 VARBINARY 类似于 CHAR 和 VARCHAR，不同的是它们包含二进制字符串而不包含非二进制字符串。也就是说，它们包含字节字符串而不是字符字符串。

BLOB 是一个二进制大对象，可以容纳可变数量的数据。有 4 种 BLOB 类型：TINYBLOB、

BLOB、MEDIUMBLOB 和 LONGBLOB。它们可容纳的值的最大长度不同。

TEXT 类型有 4 种：TINYTEXT、TEXT、MEDIUMTEXT 和 LONGTEXT。这些对应 4 种 BLOB 类型，有相同的最大长度和存储需求。

5.1.3 MySQL 服务器的基本操作

通过系统服务器和命令方式可以启动和断开 MySQL 服务器。但一般不建议停止 MySQL 服务器，否则数据库将无法使用。

1. 启动 MySQL 服务器

安装配置完 MySQL 后，就可以启动 MySQL 服务器了。此处需要说明的是，MySQL 服务器和 MySQL 数据库不同，MySQL 服务器是一系列后台进程，而 MySQL 数据库则是一系列数据目录和数据文件；MySQL 数据库必须在 MySQL 服务器启动之后才可以进行访问。

启动 MySQL 服务器常用的方法有两种：命令方式启动和系统服务器启动。下面分别介绍。

（1）采用命令方式启动

可以从命令提示符界面手动启动 MySQL 服务器，此方法可以在任何版本的 Windows 中实现。

具体操作是：右击"开始"→"运行"菜单，在弹出的"运行"对话框中输入"cmd"，按<Enter>键进入命令提示符界面。在命令提示符下输入"net start mysql80"，按<Enter>键即可启动 MySQL 服务器，如图 5-1 所示。

图 5-1　采用命令方式启动 MySQL 服务器

（2）采用系统服务器启动

将 MySQL 设置为 Windows 服务后，可以通过系统服务器直接启动 MySQL 服务器。

具体操作是：右击桌面上的"计算机"图标，在弹出的快捷菜单中选择"管理"选项，打开"计算机管理"对话框。在左侧列表中选择"服务和应用程序"→"服务"，在右侧打开"服务"窗口，右击服务列表中的"MySQL"，在弹出的快捷菜单中选择"启动"选项，如图 5-2 所示。

2. 连接和断开 MySQL 服务器

启动 MySQL 服务器之后，便可以使用 mysql 命令对 MySQL 服务器进行连接和断开操作。

（1）连接 MySQL 服务器

通过 mysql 命令可以轻松连接 MySQL 服务器。在启动 MySQL 服务器后，打开命令提示符窗口，在命令提示符下输入"mysql -u root -p"后按<Enter>键，显示提示信息"Enter password:"，输入之前安装 MySQL 时设置的密码"123456"，按<Enter>键，如图 5-3 所示。

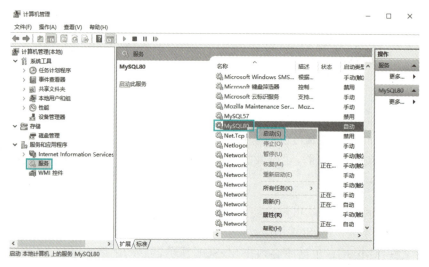

图 5-2　采用系统服务器启动 MySQL 服务器

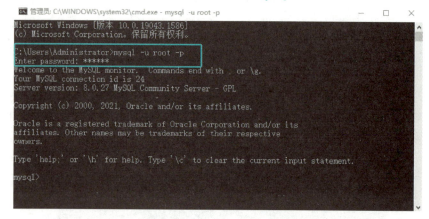

图 5-3　连接 MySQL 服务器

（2）断开 MySQL 服务器

如果要断开与 MySQL 服务器的连接，可以在 mysql 提示符下输入"exit"或"quit"命令断开 MySQL 连接，如图 5-4 所示。

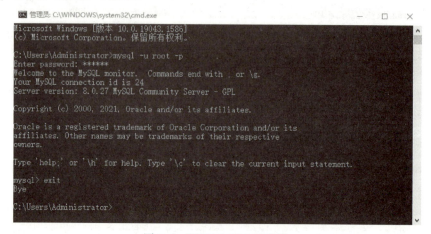

图 5-4　断开 MySQL 服务器

3. 停止 MySQL 服务器

停止 MySQL 服务器的方法有多种，本节介绍两种比较常用的方法。

（1）采用命令方式

可以从命令提示符界面手动关闭 MySQL 服务器，可以在任何版本的 Windows 中实现。

具体操作是：右击"开始"→"运行"菜单，在弹出的"运行"对话框中输入"cmd"，按<Enter>键进入命令提示符界面。在命令提示符下输入"net stop MySQL80"，按<Enter>键后会看到 MySQL 的关闭信息，如图 5-5 所示。

图 5-5 采用命令提示符关闭 MySQL 服务器

（2）采用系统服务器

同 MySQL 服务器的启动一样，将 MySQL 设置为 Windows 服务后，通过系统服务器也可以直接停止 MySQL 服务器。

具体操作是：右击桌面上的"计算机"图标，在弹出的快捷菜单中选择"管理"选项，打开"计算机管理"对话框。在左侧列表中选择"服务和应用程序"→"服务"，在右侧打开"服务"窗口，右击服务列表中的"MySQL80"，在弹出的快捷菜单中选择"停止"选项，如图 5-6 所示。

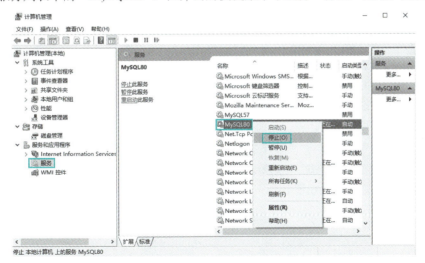

图 5-6 采用系统服务器关闭 MySQL 服务器

5.1.4　MySQL 数据库的基本操作

启动并连接 MySQL 服务器后，就可以对 MySQL 数据库进行操作，本小节将具体讲解常用的数据库操作。

5.1.4
MySQL 数据库的基本操作

1．创建数据库

使用 create database 语句可以轻松创建 MySQL 数据库。其语法格式如下：

```
create database database_name;
```

其中，参数 database_name 表示所要创建的数据库名。

例如，通过 create database 语句创建一个名称为"db_college"的数据库，如图 5-7 所示。

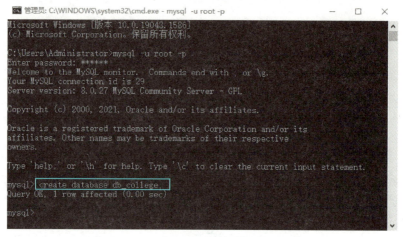

图 5-7　创建数据库

在具体创建数据库时，数据库名不能与已存在的数据库名重名。此外，数据库的命名遵循以下规则。

- 数据库名可以由字母、数字、下画线、@、#和$字符组成，其中，字母可以是小写或大写的英文字母，也可以是其他语言的字母字符。
- 首字母不能是数字或$字符。
- 不能使用 MySQL 关键字作为数据库名或表名。
- 数据库名中不能有空格。
- 数据库名最长可为 64 个字符，而别名最多可达 256 个字符。
- 默认情况下，Windows 下数据库名和表名的大小写是不敏感的，而在 Linux 下数据库名和表名的大小写是敏感的。为便于数据库在平台间移植，建议采用小写形式来定义数据库名和表名。

2．查看数据库

使用 show 命令可以查看 MySQL 服务器中现有的数据库信息。其语法格式如下：

```
show databases;
```

例如，下面使用 show 命令查看此时 MySQL 服务器中的数据库信息，如图 5-8 所示。

从图 5-8 可以看出，通过 show 命令查看 MySQL 服务器中的所有数据库，结果显示，除前面新建的"db_college"外，MySQL 服务器中还有 10 个其他数据库。这就涉及了数据库的类型。MySQL 中的数据库可以分为系统数据库和用户数据库两大类。

- 系统数据库是指安装完 MySQL 服务器后附带的一些数据库，如图 5-8 中的 information_schema、mysql、performance_schema 和 sys。系统数据库会记录一些必需的信息，用户不能直接修改这些数据库。

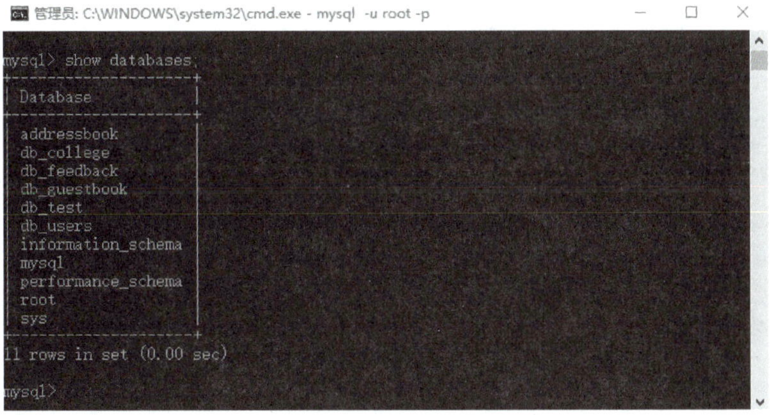

图 5-8 查看数据库

- 用户数据库是用户根据实际需求创建的数据库，如前面创建的 db_college。

3．选择数据库

在创建数据库后，并不能直接操作该数据库，还要选择该数据库，使其成为当前数据库。使用 use 语句可以选择一个数据库。其语法格式如下：

```
use database_name;
```

例如，选择前面创建的"db_college"数据库，使其成为当前数据库，如图 5-9 所示。

图 5-9 选择数据库

在成功选择数据库后，即可使用 SQL 语句对该数据库进行操作。

4．删除数据库

使用 drop database 语句可以删除数据库。其语法格式如下：

```
drop database database_name;
```

例如，使用 drop database 语句删除前面创建的"db_college"数据库，如图 5-10 所示。

图 5-10 删除数据库

数据库删除后，该数据库容器里的全部数据库对象也会被删除，所以应谨慎使用删除数据库操作。

在工作中要有严谨的工作态度和积极向上的工匠精神，树立正确的职业价值观。

5.1.5　MySQL 数据表的基本操作

表的基本操作包括创建数据表、查看表结构、修改表结构、重命名表和删除表等。

5.1.5 MySQL 数据表的基本操作

1. 创建数据表

创建表就是在数据库中创建新表，该操作是进行其他表操作的基础。

在 MySQL 数据库管理系统中创建表可以使用 create table 语句来实现。其语法格式如下：

```
create table table_name (
属性名数据类型,
属性名数据类型,
    :
属性名数据类型
)
```

其中，table_name 表示要创建的表名，表名紧跟在关键字 create table 后面。表的具体内容定义在圆括号中，各列之间用逗号分隔。其中，"属性名"表示表字段名称，"数据类型"指定字段的数据类型。例如，如果列中存储的数据为数字，则相应的数据类型为"数值"。在具体创建数据库时，表名不能与已存在的表对象重名，其命名规则与数据库名命名规则一致。

例如，执行 SQL 语句创建数据库"db_school"，并在数据库中创建表"tb_admin"。具体步骤如下。

1) 启动并连接 MySQL 服务器后，输入以下语句，按<Enter>键，创建数据库 db_school，并选择它，结果如图 5-11 所示。

```
create database db_school;
use db_school;
```

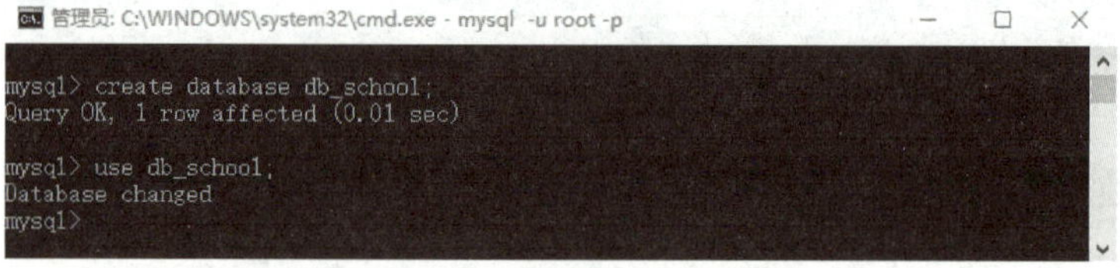

图 5-11　创建并选择数据库

2) 继续输入以下 create table 语句，创建表"tb_admin"，结果如图 5-12 所示。

```
create table tb_admin (
    id int(4),
    name varchar(50),
    pwd varchar(20)
);
```

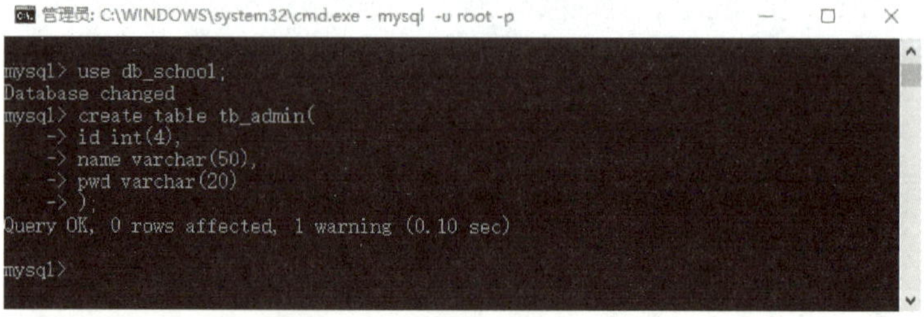

图 5-12　创建表"tb_admin"

在创建表之前，一定要选择数据库，否则会出现错误信息。在创建表时，如果数据库中已存在该表，也会出现错误信息。

2. 查看表结构

如需要查看数据库中表的结构，可以使用 SQL 语句 describe 来实现。其语法格式如下：

```
describe table_name;
```

其中的 table_name 表示所要查看的表名称。

例如，查看表"tb_admin"的数据结构，结果如图 5-13 所示。

```
describe tb_admin;
```

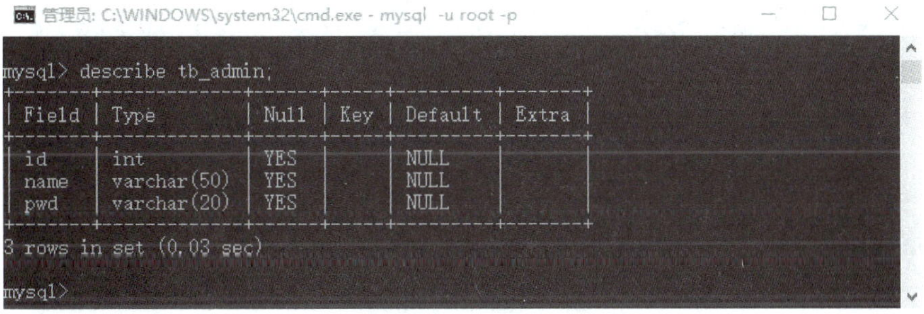

图 5-13　查看表结构

3. 修改表结构

修改表结构是指增加或删除字段、修改字段名或字段类型、设置或取消主键外键等。如要修改数据库中表的结构，可以使用 SQL 语句 alter table 来实现。其语法格式如下：

```
alter table table_name alter_spec[,alter_spec]…;
```

其中的 table_name 表示所要修改的表名，alter_spec 子句定义要修改的内容，其语法格式如下：

```
alter [column] col_name {set default literal | drop default}   //修改字段名称
modify [column] create_definition                              //修改字段类型
add [column] create_definition [first | after column_name]     //添加新字段
add index [index_name] (index_col_name, …)                     //添加索引名称
add primary key (index_col_name, …)                            //添加主键名称
add unique [index_name] (index_col_name, …)                    //添加唯一索引
drop [column] col_namc                                         //删除字段名
drop primary key                                               //删除主键名
drop index index_name                                          //删除索引名
```

alter table 语句允许指定多个 alter_spec 子句，子句之间使用逗号分隔，每个子句表示对表的一个修改。

例如，执行 SQL 语句，在表"tb_admin"中添加一个新字段 tel，类型为"varchar(30)，not null"，将字段 name 的类型由 varchar(50)修改为 varchar(40)。具体步骤如下：

1）连接 MySQL 服务器并选择数据库"db_school"，之后输入以下语句，并按<Enter>键，结果如图 5-14 所示。

```
alter table tb_admin add tel varchar(30) not null, modify name varchar(40);
```

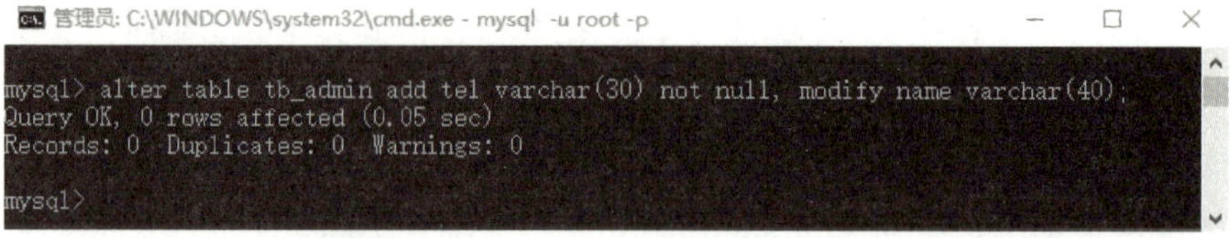

图 5-14　修改数据表结构

2）输入以下语句，并按<Enter>键，查看修改后的表结构，结果如图 5-15 所示。

```
describe tb_admin;
```

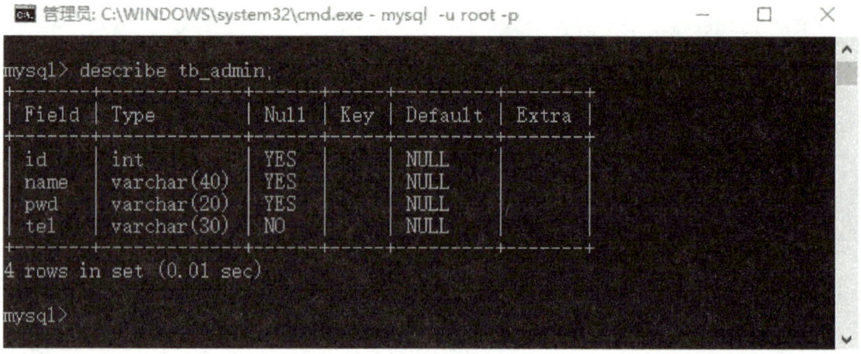

图 5-15　查看修改结果

通过 alter 语句修改表字段的前提是，表中的数据已经全部删除，也就是确保要修改的表为空表。

4．重命名表

数据库中的表名是唯一的，不能重复。重命名表也可以使用 SQL 语句 alter table 来实现。其语法格式如下：

```
alter table old_table_name rename [to] new_table_name;
```

其中的 old_table_name 表示所要修改的表名，new_table_name 表示修改后的表名。需要注意的是，所要操作的表对象必须在数据库中已经存在。

例如，执行 SQL 语句，将数据库"db_school"中的"tb_admin"表的名称修改为"t_admin"。具体步骤如下。

1）连接 MySQL 服务器并选择数据库"db_school"，之后输入以下语句，并按<Enter>键，结果如图 5-16 所示。

```
alter table tb_admin rename t_admin;
```

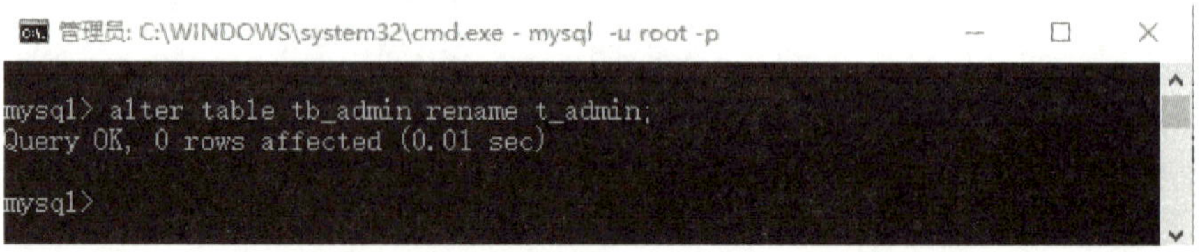

图 5-16　修改表名称

2）为检验数据库"db_school"中是否已经将表"tb_admin"的名称修改为"t_admin"，分别输入以下语句，并按<Enter>键，结果如图 5-17 所示。

```
describe tb_admin;
```
和
```
describe t_admin;
```

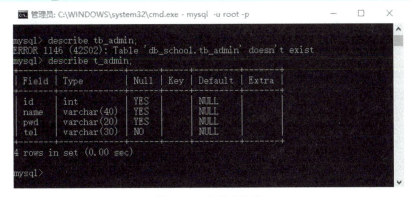

图 5-17　查看表信息

由执行结果可以看出，"tb_admin"表已经不存在，而"t_admin"表可以正常查看。

5. 删除表

删除表是指删除数据库中已经存在的表。在删除表时会同时删除表中所保存的所有数据，所以删除时要特别小心。删除表可以使用 SQL 语句 drop table 来实现。其语法格式如下：

```
drop table table_name;
```

其中的 table_name 表示所要删除的表名称，所要删除的表必须是数据库中已经存在的表。

例如，执行 SQL 语句，将数据库"db_school"中的"t_admin"表删除。具体步骤如下。

1）连接 MySQL 服务器并选择数据库"db_school"，之后输入以下语句，并按<Enter>键删除表"t_admin"，结果如图 5-18 所示。

```
drop table t_admin;
```

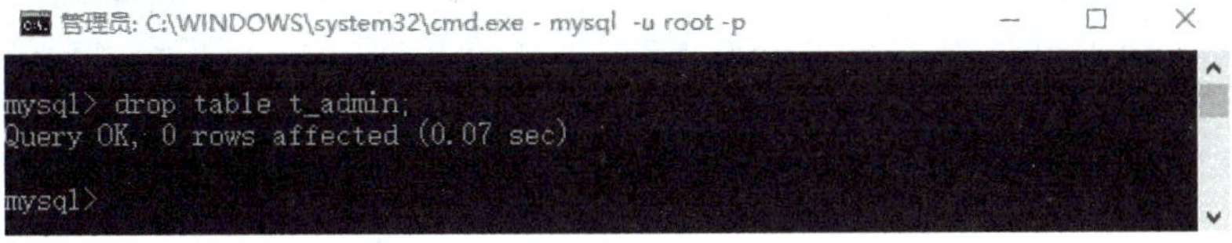

图 5-18　删除数据表"t_admin"

2）为检验数据库"db_school"中是否还存在表"t_admin"，输入以下语句，并按<Enter>键，结果如图 5-19 所示。

```
describe t_admin;
```

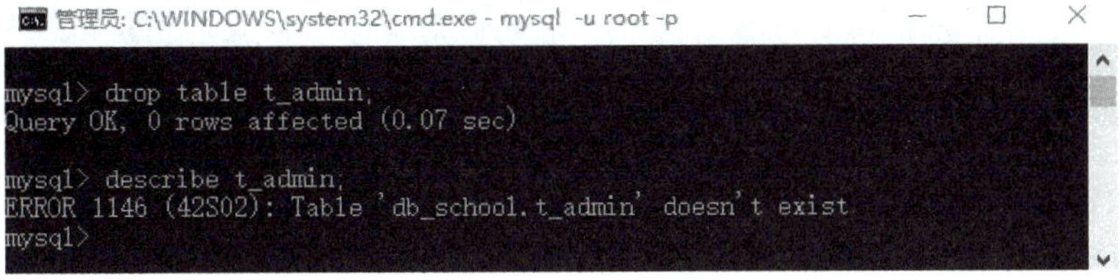

图 5-19　查看删除结果

由执行结果可以看出,表"t_admin"已经不存在,表示已经成功删除该表。

5.1.6 MySQL 表记录的基本操作

在 MySQL 命令行中使用 SQL 语句可以实现在数据表中插入、浏览、修改和删除记录等操作。

1. 插入记录

在创建好数据库和数据表后,就可以向数据表中添加记录了,该操作可以使用 insert 语句来实现。其语法格式如下:

```
insert into table_name(column_name,column_name2,…) values (value1,value2,…);
```

在 MySQL 中,一次可以同时插入多行记录,各行记录的值清单在 values 关键字后以逗号","分隔,而标准的 SQL 语句一次只能插入一行记录。

例如,执行 SQL 语句,向数据库"db_school"中的"tb_admin"表中插入一条数据信息。具体操作如下。

1)连接 MySQL 服务器并选择数据库"db_school",之后输入以下语句,并按<Enter>键,在数据库"db_school"中创建"tb_admin"表,结果如图 5-20 所示。

```
create table tb_admin (
    id int(4),
    name varchar(50),
    pwd varchar(20)
);
```

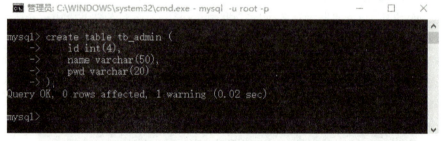

图 5-20 创建"tb_admin"表

2)输入以下语句,并按<Enter>键,插入表记录,结果如图 5-21 所示。

```
insert into tb_admin (id,name,pwd) values (1001,'wukk','123456');
```

图 5-21 插入表记录

2. 查询数据库记录

使用数据查询语句 select,可以在数据库中查询指定的数据。其语法格式如下:

```
select field                       //要查询的内容，选择哪些列
from table_name                    //指定数据表
where condition                    //查询时需要满足的条件
order by fileldm1 [ASC|DESC]       //对查询结果进行排序的条件
limit row_count                    //限定输出的查询结果
group by field                     //对查询结果进行分组的条件
```

（1）查询单个数据表

在使用 select 语句时，首先需要确定所要查询的列。当要查询整个数据表的数据时，可以使用 "*" 代表所有列。语法格式如下：

```
select * from table_name;
```

例如，执行 SQL 语句，查询数据库"db_school"中"tb_admin"表中的所有数据信息。具体操作如下。

连接 MySQL 服务器并选择数据库"db_school"，之后输入以下语句，并按<Enter>键，结果如图 5-22 所示。

```
select * from tb_admin;
```

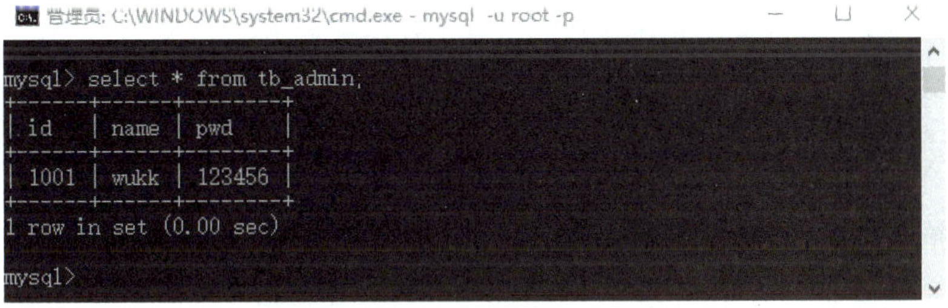

图 5-22　查询数据表的全部记录

（2）查询表中的一列或多列记录

要针对表中的一列或多列进行查询，只需在 select 后面指定要查询的列名，多列之间用","分隔。语法如下：

```
select column_name1, column_name2, … from table_name where condition;
```

例如，执行 SQL 语句，查询数据库"db_school"中"tb_admin"表中的 id 和 name 字段，并指定查询条件是用户 id 编号为 1001。具体操作如下。

连接 MySQL 服务器并选择数据库"db_school"，之后输入以下语句，并按<Enter>键，结果如图 5-23 所示。

```
select id, name from tb_admin where id=1001;
```

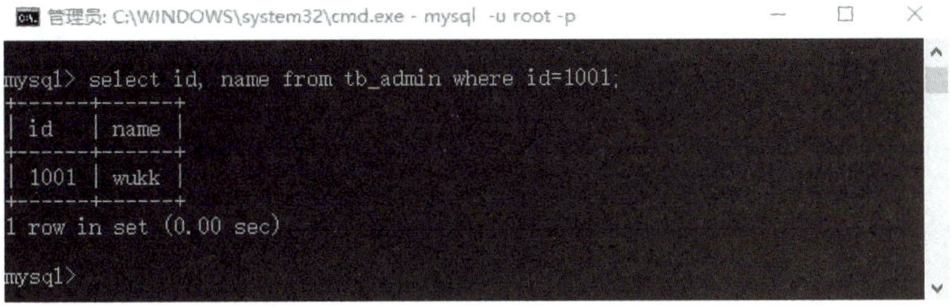

图 5-23　查询数据表中指定字段的数据

（3）多表查询

当针对多个数据表进行查询时，关键是 where 子句中查询条件的设置，要查找的字段名最好用"表名.字段名"的形式表示，这样可以防止因表之间字段名重复而产生的错误。在 where 子句中多个表之间所形成的联动关系应按如下形式书写：

```
table1.column = table2.column and other condition;
```

多表查询的 SQL 语句格式如下：

```
select column_name from table1,table2…where table1.column=table2.column and other condition;
```

例如，要查询学号为 1003 的学生在学生表及成绩表中的记录，其查询代码如下：

```
select * from tb_student,tb_score where tb_student.userid = 1003 and tb_student.userid = tb_score.sid;
```

select 语句的应用形式有很多种，此处只是介绍了其中最简单的内容，有兴趣的读者可以对其进行深入研究。

3．修改记录

要修改某条记录，可以使用 update 语句，其语法格式如下：

```
update table_name set column_name = new_value1,column_name2 = new_value2,…[where condition]
```

其中，set 子句给出要修改的列及其值；where 子句可选，一般用于指定记录中哪行应该被更新，否则，所有记录行都将被更新。

例如，执行 SQL 语句，将数据库"db_school"中"tb_admin"表中 id 值为 1001 的用户密码 123456 修改为 654321。具体操作如下。

连接 MySQL 服务器并选择数据库"db_school"，之后输入以下语句，并按<Enter>键，结果如图 5-24 所示。

```
update tb_admin set pwd = '654321' where id=1001;
```

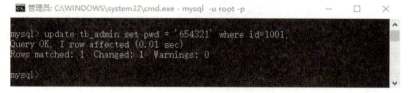

图 5-24　修改指定条件的记录

为验证修改结果，可以输入以下语句并按<Enter>键来查看修改后的记录信息，结果如图 5-25 所示。

```
select * from tb_admin where id=1001;
```

4．删除记录

对于数据库中已失去意义或者错误的数据，可以将它们删除。使用 delete 语句可以实现该功能，其语法格式如下：

```
delete from table_name where condition;
```

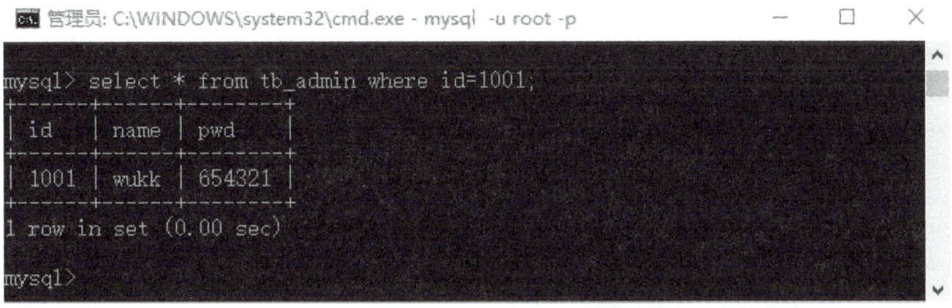

第 5 章　MySQL 数据库与安全防护

图 5-25　查看修改后的结果

该语句在执行过程中，如果指定了 where 条件，将按照指定条件进行删除；如果未指定 where 条件，将删除所有记录。

例如，执行 SQL 语句，删除数据库"db_school"中"tb_admin"表中 id 值为 1001 的用户。具体操作如下。

连接 MySQL 服务器并选择数据库 db_school，之后输入以下语句，并按<Enter>键，结果如图 5-26 所示。

```
delete from tb_admin where id=1001;
```

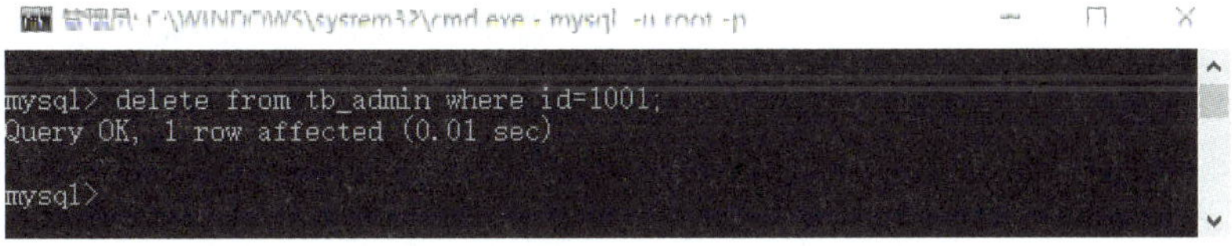

图 5-26　删除数据表中指定记录

5.1.7　MySQL 数据库的备份和恢复

前面简单介绍了 MySQL 数据库和数据表的基本操作。本节将介绍数据库备份和恢复的相关知识。

5.1.7
MySQL 数据库的备份和恢复

1. 数据的备份

使用 mysqldump 命令可以实现对数据的备份，将数据以文本文件的形式存储在指定文件夹下。具体过程如下。

1）打开"运行"对话框，输入"cmd"后单击"确定"按钮，进入命令行模式。

2）在命令行模式中直接输入以下代码，然后按<Enter>键运行，如图 5-27 所示。

```
mysqldump -uroot -p123456 db_school > E:\db_school.txt
```

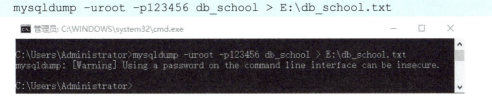

图 5-27　使用命令备份"db_school"数据库

上述代码中，"-uroot"中的"root"是用户名；"-p123456"中的"123456"是密码；"db_school"是数据库名；"E:\db_school.txt"是数据库备份存储的位置和名称。在输入命令时，"-uroot"中是没有空格的，并且该命令结尾处也没有任何结束符，只需按<Enter>键即可。

3）打开上述代码中的备份文件存储位置，可以看到生成的备份文件，如图 5-28 所示。

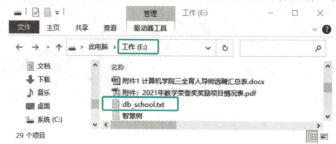

图 5-28　生成的备份文件

2. 数据的恢复

前面介绍了数据的备份，在此基础上使用备份文件可以轻松地对数据库文件进行恢复操作。执行数据库的恢复操作可以使用如下 MySQL 命令。

```
mysql -uroot -proot db_database< E:\db_database.txt
```

其中的 mysql 是使用的命令，"-uroot"中的"root"为用户名，"-proot"中的"root"为密码，db_database 代表数据库名（或表名），"<"号后面的"E:\db_database.txt"是数据库备份文件的存储位置及名称。

数据库恢复的具体过程如下。

1）打开"运行"对话框，输入"cmd"后单击"确定"按钮，进入命令行模式。

2）在命令行模式中输入以下代码，按<Enter>键运行，然后输入密码：123456，以连接 MySQL 服务器。

```
mysql -u root -p
```

3）输入以下代码，然后按<Enter>键运行，以创建一个空数据库 db_school2，如图 5-29 所示。

```
create database db_school2;
```

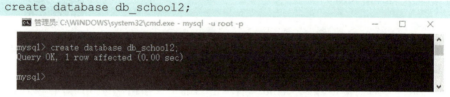

图 5-29　创建空数据库

在进行数据库恢复时，必须已经存在一个空的、将要恢复的数据库，否则将出现错误，无法完成恢复。

4）重新进入命令行模式，直接输入以下代码，然后按<Enter>键运行，以恢复数据库，如图 5-30 所示。

```
mysql -uroot -p123456 db_school2 < E:\db_school.txt
```

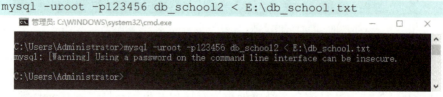

图 5-30　恢复数据库

5)最后查看一下数据库是否恢复成功,如图 5-31 所示。

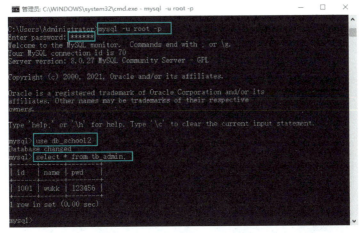

图 5-31 查看被恢复的数据库

5.1.8 使用 DOS 操作 MySQL 数据库实例

本章主要介绍了数据库的基本操作,本实例对前面所学进行总结和巩固。

【实例 5-1】 使用 DOS 创建一个数据库"db_university",在数据库中,按照如图 5-32 所示,创建一个表"tb_teacher",并向该表中添加 3 条教师信息。

5.1.8
【实例 5-1】

图 5-32 创建表结构

【实现步骤】

1)进入命令行模式,连接 MySQL 服务器,并创建一个数据库"db_university",如图 5-33 所示。

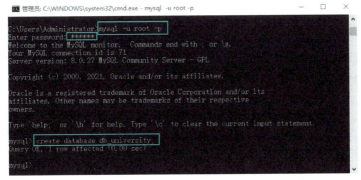

图 5-33 创建数据库"db_university"

2）选择数据库"db_university"，并创建教师信息表"tb_teacher"，如图 5-34 所示。

```
use db_university;
create table tb_teacher(
    id int(10) auto_increment primary key,
    name varchar(10),
    title varchar(100),
    resume text)
default character set utf8;
```

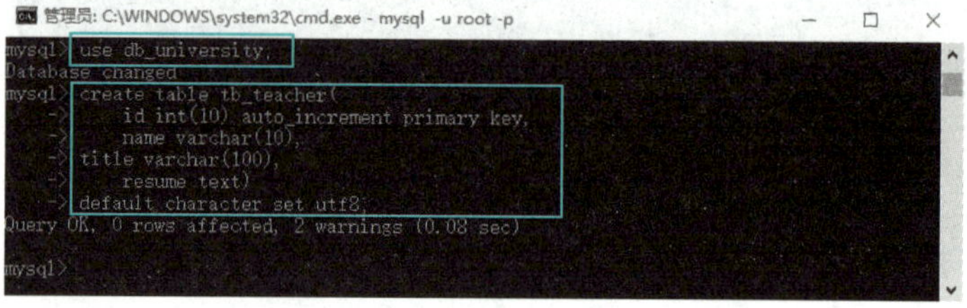

图 5-34 创建教师信息表"tb_teacher"

代码 default character set utf8 的作用是使用户可以在表格中添加中文信息。如果不添加该代码，在插入中文信息时会报错。

3）向教师信息表 tb_teacher 中添加一条教师信息，并查看数据，如图 5-35 所示。

```
insert into tb_teacher(name, title, resume) values ('张三', '计算机学院院长，教授', '研究领域主要有：计算机科学与技术，信息安全，密码学，区块链技术等。');
```

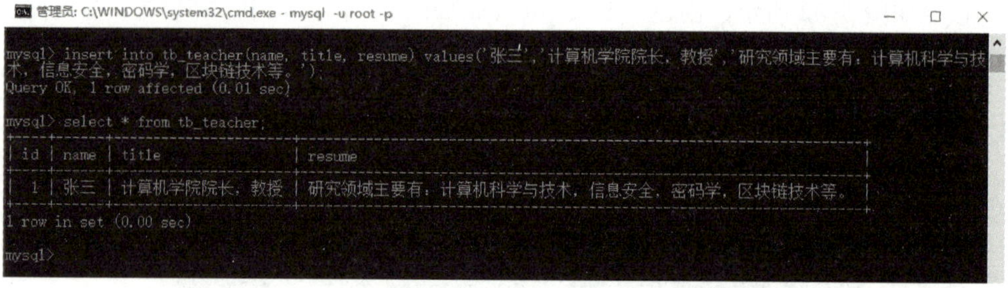

图 5-35 添加一条教师信息

5.2 phpMyAdmin 管理 MySQL 数据库

前面介绍了在命令提示符下操作 MySQL 数据库的方法，这种方法比较麻烦，并且需要专业的 SQL 语言知识。为此，PHP 官方开发了一个类似 SQL Server 的可视化图形管理工具 phpMyAdmin。phpMyAdmin 是基于 Web 的可视化图形管理工具，使用该工具可以对数据库进行可视化操作，从而大大提高程序开发的效率。

5.2.1 图形化管理工具 phpMyAdmin 简介

下面从 phpMyAdmin 的优点、缺点和访问三个方面来介绍。

5.2.1 图形化管理工具 phpMyAdmin 简介

1. phpMyAdmin 的优点

phpMyAdmin 是一个用 PHP 编写的软件工具，可以通过 Web 方式控制和操作 MySQL 数据库。通过 phpMyAdmin 可以完全对数据库进行操作，例如，建库、建表、录入数据等。

2. phpMyAdmin 的缺点

phpMyAdmin 的缺点是必须安装在 Web 服务器中，所以如果没有合适的访问权限，其他用户可能会损害到 SQL 数据。

3. phpMyAdmin 的访问

在第 1 章搭建 PHP 开发环境时已经安装好了 phpMyAdmin，现在就可以直接使用了。登录 http://localhost/phpmyadmin/后，进入其登录页面，如图 5-36 所示。

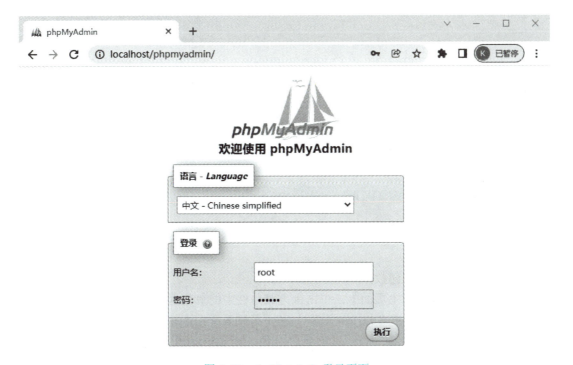

图 5-36　phpMyAdmin 登录页面

输入安装 MySQL 数据库时设置的用户名 root，以及数据库的密码 123456，单击"执行"按钮，进入 phpMyAdmin 主页面，如图 5-37 所示。

该页面列出了当前数据库的一些基本信息，包括数据库和网站服务器的相关信息，以及 phpMyAdmin 的相关信息，如服务器版本、服务器类型、用户、服务器字符集等。通过上方菜单栏中的各项菜单可以对数据库执行各项管理操作，如管理数据库、管理数据表、管理数据记录等。

使用图形化管理工具管理数据库对于初学者而言简单易上手，但是熟练之后，建议大家还是尽量使用 SQL 语言。因为在实际工作中，很多操作使用 SQL 语言往往效率更高，所以最好在学习之初就应重视对 SQL 语言的学习，不要对图形化管理工具过度依赖。

图 5-37　phpMyAdmin 主页面

5.2.2　使用 phpMyAdmin 管理数据库

对数据库的操作主要包括创建数据库、修改数据库和删除数据库。

5.2.2
使用 phpMy-
Admin 管理数据库

1．创建数据库

使用 phpMyAdmin 来创建数据库的过程如下。

1）在 phpMyAdmin 的主页面中，单击上方菜单栏中的"数据库"菜单，接着在"新建数据库"文本框中输入数据库名"db_test"，然后在下拉列表框中选择所要使用的编码，此处选择"utf8_unicode_ci"，单击"创建"按钮，创建数据库，如图 5-38 所示。

图 5-38　创建数据库

2）可以看到在左侧的列表中显示了刚创建的数据库，并进入"新建数据表"页面，如图 5-39 所示。

图 5-39　成功创建了数据库"db_test"

2．修改数据库

在界面右侧，可以对当前数据库进行修改。单击上方菜单栏中的"操作"菜单，进入操作页面，如图 5-40 所示。

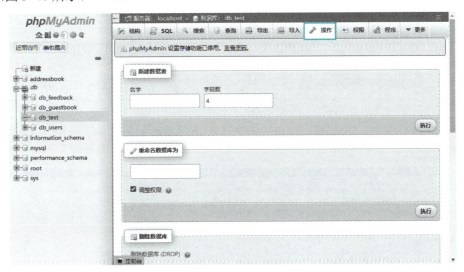

图 5-40　数据库操作页面

在该页面中，可以对数据库执行新建数据表、重命名数据库、删除数据库、复制数据库、修改排序规则等操作。

5.2.3　使用 phpMyAdmin 管理数据表

创建数据库后，还需要在其中创建数据表，之后才能应用于动态网页。下面介绍在数据库中创建、修改和删除数据表的操作。

5.2.3
使用 phpMy-
Admin 管理数据表

1. 创建和修改数据表

使用 phpMyAdmin 来创建和修改数据表的过程如下。

1）首先在左侧列表中选择要创建数据表的数据库，然后在右侧界面中输入数据表名和字段总数，最后单击右下方的"执行"按钮，如图 5-41 所示。

图 5-41　创建数据表

2）显示数据表结构页面，在该页面中可以设置各个字段的详细信息，包括字段名、数据类型、长度值等属性，以完成对表结构的详细设置，如图 5-42 所示。

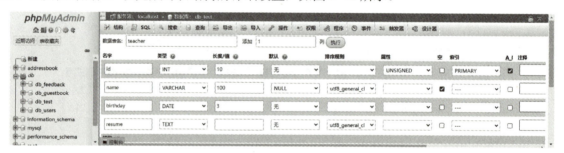

图 5-42　创建表字段

3）设置完成后单击右下方的"保存"按钮，成功创建数据表结构，此时将显示如图 5-43 所示的页面。

图 5-43　数据表结构

4）成功创建数据表后，在左侧列表中选择表名，然后单击上方菜单栏中的"结构"菜单，可以直接打开，查看数据表结构。在该数据表结构页面中，可以改变表结构，执行添加新字段、删除现有字段、设置主键和索引字段、修改列的数据类型或者字段的长度/值等操作。

2. 删除数据表

要删除某个数据表，首先须在左侧列表中选择数据库，然后在数据库中选择要删除的数据表，最后单击页面右侧相应的"删除"按钮即可，如图 5-44 所示。

图 5-44　删除数据表

5.2.4　使用 SQL 语句操作数据表

单击 phpMyAdmin 主页面上方菜单栏中的"SQL"菜单，将打开 SQL 语句编辑区，可在 phpMyAdmin 编辑区输入 SQL 语句来实现数据的插入、修改、查询和删除操作。

5.2.4
使用 SQL 语句操作数据表

1．使用 SQL 语句插入数据

在 SQL 语句编辑区输入以下代码：

```
INSERT INTO `db_test`.`teacher` (`id`, `name`, `birthday`, `resume`) VALUES ('1001', '张三', '1980-02-19','深圳信息学院计算机学院信息安全技术应用专业');
```

单击"执行"按钮，可向数据表中插入一条数据，如图 5-45 所示。

图 5-45　插入数据

如果提交的 SQL 语句有错误，系统会给出一个警告，提示用户修改它；如果提交的 SQL 语句正确，则弹出如图 5-46 所示的提示信息。

图 5-46　成功插入数据

2. 使用 SQL 语句修改数据

在 SQL 语句编辑区可应用 update 语句修改数据信息，如要将 "teacher" 表里面的 birthday 值改为 1982-02-12，可输入以下语句：

```
UPDATE `db_test`.`teacher` SET `birthday`='1982-02-12' WHERE `teacher`.`birthday`='1980-02-19';
```

单击 "执行" 按钮后，显示提示信息，表示成功修改数据，如图 5-47 所示。

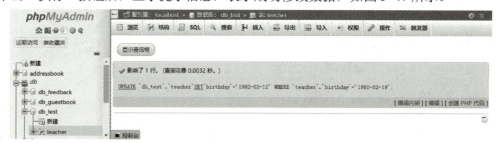

图 5-47　成功修改数据

3. 使用 SQL 语句查询数据

首先在左侧列表中选中数据库 "db_test"，然后单击上方菜单栏中的 "SQL" 菜单，接着在 SQL 语句编辑区输入以下 SELECT 语句，来查询指定条件的数据信息：

```
SELECT * FROM `teacher`;
```

查询结果如图 5-48 所示。

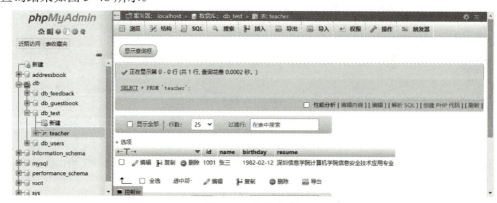

图 5-48　查询数据

除了对整个表的简单查询外，还可以实现一些复杂的条件查询及多表查询，如使用 where

子句提交 LIKE、ORDER BY、GROUP BY 等条件查询语句。

4. 使用 SQL 语句删除数据

在 SQL 语句编辑区可应用 delete 语句删除指定条件的数据或全部数据信息，添加的 SQL 语句如下：

```
DELETE FROM `db_test`.`teacher` WHERE `teacher`.`id` = 1001;
```

删除结果如图 5-49 所示。

图 5-49　删除数据

5.2.5　使用 phpMyAdmin 管理数据记录

在创建好数据库和数据表后，就可以非常方便地在数据表中对数据进行插入、浏览与搜索等操作了。

5.2.5
使用 phpMy-Admin 管理数据记录

1. 插入数据

在左侧列表中选择某个数据表后，单击上方菜单栏中的"插入"菜单，进入插入数据界面，如图 5-50 所示。在各文本框中输入各字段值，单击"执行"按钮，即可插入记录。默认情况下，一次可插入两条记录。

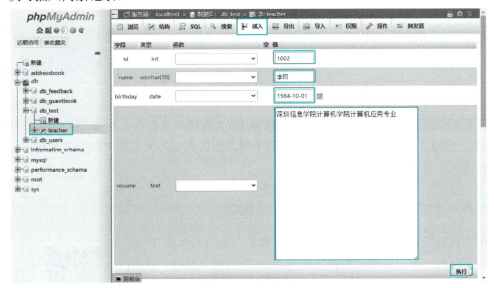

图 5-50　插入数据

2. 浏览数据

在左侧列表中选择某个数据表后，单击上方菜单栏中的"浏览"菜单，进入浏览界面，如

图 5-51 所示。单击每行记录中的"编辑"按钮，可以对当前记录进行编辑；单击每行记录中的"删除"按钮，可以删除当前记录。

图 5-51　浏览数据

3. 搜索数据

在左侧列表中选择某个数据表后，单击上方菜单栏中的"搜索"菜单，将进入搜索界面，如图 5-52 所示。

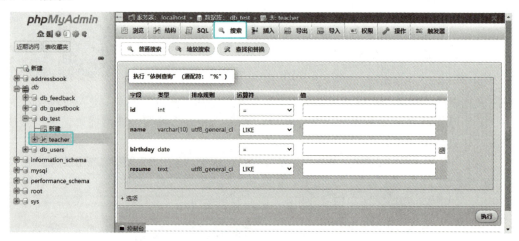

图 5-52　搜索数据

在该页面中可以执行"普通搜索""缩放搜索""查找和替换"3 种类型的搜索，默认选中"普通搜索"选项，在该页面中填充一个或多个列，然后单击右下方的"执行"按钮，查询结果将按填充的字段名进行输出。

5.2.6　生成和执行 MySQL 数据库脚本

生成和执行数据库脚本是互逆的两个操作，生成 MySQL 脚本是将数据表结构、表记录存储为扩展名为".sql"的脚本文件；执行 MySQL 脚本通过执行扩展名为".sql"的文件，将数据记录导入数据库中。通过生成和执行 MySQL 脚本，可以实现数据库的备份和还原操作。

5.2.6
生成和执行
MySQL 数据
库脚本

1. 生成 MySQL 数据库脚本

首先在左侧列表中选择要导出的对象，可以是数据库或数据表（如不选择任何对象将导出当前服务器中的所有数据库）。之后单击 phpMyAdmin 主页面上方菜单栏中的"导出"菜单，将打开"导出"编辑区，如图 5-53 所示（此处未选择任何对象）。

图 5-53　打开"导出"编辑区

选择导出文件的格式，在"导出方式"设置区保持默认的"快速"单选项，在"格式"下拉列表中使用默认的"SQL"选项，单击"执行"按钮，弹出下载提示框，在"保存"下拉列表中选择"另存为"，在弹出的"另存为"对话框中设置文件保存位置，之后单击"保存"按钮保存文件。

如果在左侧列表中选中某个数据库后再单击"导出"菜单，可单独导出该数据库文件，也可以单独导出其中的某个或多个数据表（只需要在"导出方式"列表区选择"自定义"单选项，然后在下方的列表中选择要导出的数据表即可）。

2. 执行 MySQL 数据库脚本

单击 phpMyAdmin 主页面上方菜单栏中的"导入"菜单，可进入执行 MySQL 数据库脚本界面，如图 5-54 所示。

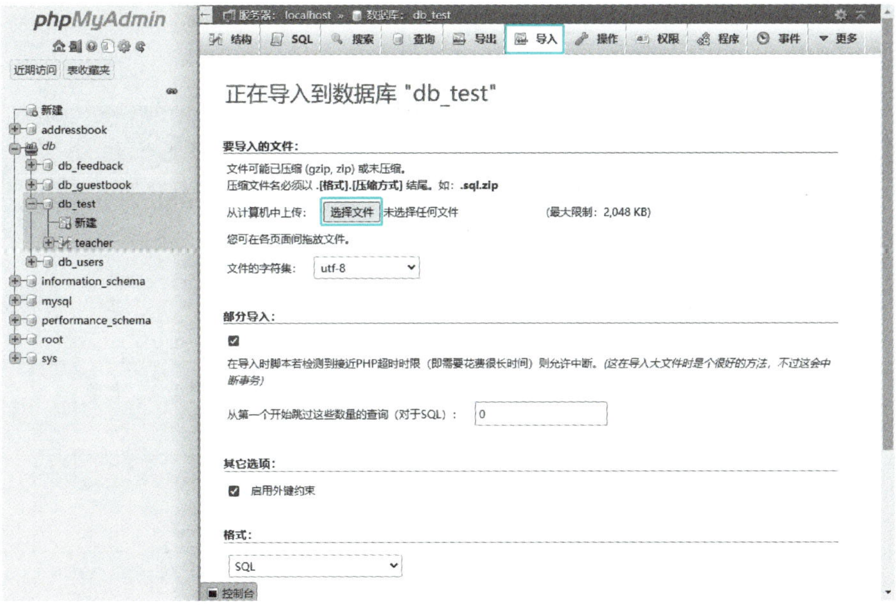

图 5-54　执行 MySQL 数据库脚本

单击"浏览"按钮查找脚本文件所在位置，之后单击下方的"执行"按钮，即可执行数据库导入操作。

在执行 MySQL 脚本文件之前，首先检测是否有与所导入的数据库同名的数据库，如果没有同名的数据库，则首先要在数据库中创建一个名称与数据文件中的数据库名相同的数据库，然后再执行 MySQL 数据库脚本文件。此外，在当前数据库中，不能有与将要导入数据库中的数据表重名的数据表存在，如果有重名的表存在，导入文件就会失效，提示错误信息。

5.2.7 使用 phpMyAdmin 管理 MySQL 数据库实例

下面以一个具体实例来阐述如何在 phpMyAdmin 中建库、建表、录入数据记录，以及新增用户账户。

【实例 5-2】 在 phpMyAdmin 中创建一个通讯录数据库（addressbook），在数据库中需要创建一个数据表（address_table）来记录联系人信息，数据表要求见表 5-4 所示。

5.2.7
【实例 5-2】

表 5-4 通讯录数据表

字段名	数据类型	是否为空	是否主键	自动增加	默认值
id	int	否	Primary key	Auto_increment	
name	char	否			
birthday	date	是			0
tel	char	是			
address	char	是			

【实现步骤】

1）启动浏览器，在地址栏中输入 http://localhost/phpMyAdmin/，进入 phpMyAdmin 的登录界面，输入 MySQL 管理员默认账号 root，输入自己安装时设置的密码 123456，就进入了 phpMyAdmin，如图 5-55 所示。

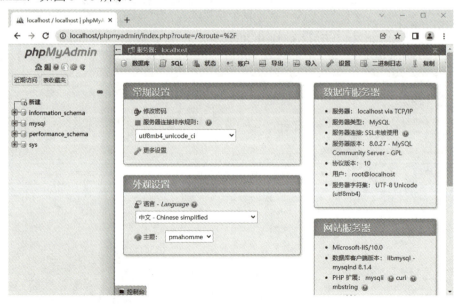

图 5-55 进入 phpMyAdmin 的首页

2）单击左侧的"新建"，在右侧的"数据库名"中输入"addressbook"，排序规则选择"utf8mb4_unicode_ci"，单击"创建"按钮即可创建一个通讯录数据库"addressbook"，如图 5-56 所示。

图 5-56　创建通讯录数据库

3）要在通讯录数据库"addressbook"中创建表，则在"新建数据表"下的"名字"中输入"address_table"，"字段"选择"5"，进入字段详细信息录入页面，按图 5-57 所示输入表结构信息。

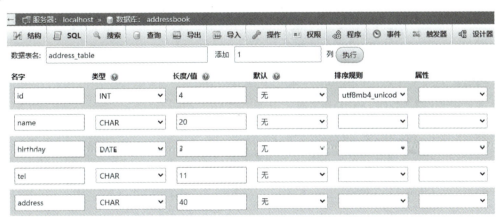

图 5-57　创建数据表字段详细信息录入页面

单击"保存"按钮，即成功创建了表，如图 5-58 所示。

4）要在数据表"address_table"添加数据，单击"插入"按钮，进入数据详细信息录入页面，输入相应信息后，单击右下方"预览 SQL 语句"旁边的"执行"按钮，即成功向表中插入了两条数据。单击"浏览"按钮可查看刚才插入的具体数据，如图 5-59 所示。

图 5-58 创建数据表完成后

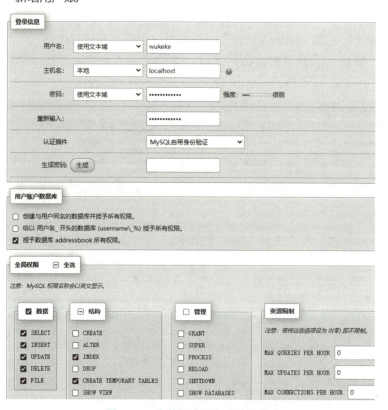

图 5-59 插入数据后进行浏览

5）单击"权限"→"新增用户账户"，在"用户名"输入"wukeke"，在"主机名"选择"本地"，在"密码"中输入"wukeke123456"，在"用户账户数据库"中选"授予数据库 addressbook 所有权限"，在"全局权限"中对选择全部"数据"权限，"结构"权限只选择"INDEX"和"CREATE TEMPORARY TABLES"，再单击右下角"执行"按钮，成功后即为数据库"addressbook"添加了一个用户，如图 5-60 所示。

图 5-60 为数据库添加用户权限

5.3 PHP 操作 MySQL 数据库

MySQL 被认为是 PHP 最好的搭档，同时，PHP 也具有强大的数据库支持能力。

5.3.1 PHP 操作 MySQL 数据库的步骤

一般来说，PHP 操作 MySQL 数据库可以分为以下 4 个步骤，如图 5-61 所示。

图 5-61　PHP 操作 MySQL 数据库的步骤

下面详细介绍各步骤的操作方法。

1）建立连接。PHP 使用 mysqli_connect()函数建立与 MySQL 服务器上数据库的连接。

2）执行语句。在选择的数据库中使用 mysqli_query()函数执行 SQL 语句。

3）释放结果。数据库操作完成后，需要释放结果集，以释放系统资源，语法格式如下：

```
mysqli_free_result($result);
```

4）关闭连接。使用 mysqli_close()函数关闭先前建立的与 MySQL 服务器上数据库的连接，以节省系统资源。语法格式如下：

```
mysqli_close($conn);
```

PHP 中与数据库的连接是非持久连接，一般不需要设置关闭，系统会自动回收。如果一次性返回的结果集比较大，或者网站访问量比较多，那么最好用 mysqli_close()函数关闭连接。

5.3.2 PHP 操作 MySQL 数据库的函数

PHP 中提供了很多操作 MySQL 数据库的函数，使用这些函数可以对 MySQL 数据执行各种操作，使程序开发变得更加简单和灵活。

1. 连接 MySQL 数据库

在能够访问并处理数据库中的数据之前，必须创建到达数据库的连接。mysqli_connect() 函数建立一个到 MySQL 服务器的新的连接，返回一个与 MySQL 服务器连接的对象。语法如下：

```
mysqli_connect(host, username, password, dbname);
```

参数说明见表 5-5。

表 5-5 mysqli_connect()函数的参数说明

参数	说明
host	可选。规定主机名或 IP 地址
username	可选。规定 MySQL 用户名
password	可选。规定 MySQL 密码
dbname	可选。规定默认使用的数据库

2. 执行 SQL 语句

要对数据库中的表进行操作，就要使用 mysqli_query()函数执行 SQL 语句。语法如下：

```
mysqli_query(connection, query, resultmode);
```

参数说明见表 5-6。

表 5-6 mysqli_query()函数的参数说明

参数	说明
connection	必需。规定要使用的 MySQL 连接
query	必需。规定查询字符串
resultmode	可选。一个常量。可以是下列值中的任意一个： MYSQLI_STORE_RESULT（默认） MYSQLI_USE_RESULT（如果需要检索大量数据）

3. 以数组方式返回查询结果

mysqli_fetch_array()函数从结果集中取得一行作为索引数组，或关联数组，或二者兼有。该函数返回的字段名是区分大小写的。语法如下：

```
mysqli_fetch_array(result, resulttype);
```

参数说明见表 5-7。

表 5-7 mysqli_fetch_array()函数的参数说明

参数	说明
result	必需。规定由 mysqli_query()、mysqli_store_result() 或 mysqli_use_result() 返回的结果集标识符
resulttype	可选。resulttype 为结果类型，一般为 "MYSQLI_ASSOC" "MYSQLI_NUM" 或 "MYSQLI_BOTH"

mysqli_fetch_row()函数和 mysqli_fetch_array()函数作用类似。区别在于，使用 mysqli_fetch_array()函数获取到的数组可以是索引数组，也可以是关联数组；而使用 mysqli_fetch_row()函数获取到的数组只能是索引数组。

4. 获取结果集行的数量

mysqli_num_rows()函数用于返回结果集中行的数量。语法如下：

```
mysqli_num_rows(result);
```

参数说明见表 5-8。

表 5-8 mysqli_num_rows()函数的参数说明

参数	说明
result	必需。规定由 mysqli_query()、mysqli_store_result() 或 mysqli_use_result() 返回的结果集标识符

5. 设置默认字符编码

mysqli_set_charset()函数规定当与数据库服务器进行数据传送时要使用的默认字符集,如果成功则返回 true,如果失败则返回 false。mysqli_set_charset() 函数针对中文字符非常有用,很多数据库出现乱码的情况都是字符集的问题。语法如下:

```
mysqli_set_charset(connection,charset);
```

参数说明见表 5-9。

表 5-9 mysqli_set_charset()函数的参数说明

参数	说明
connection	必需。规定要使用的 MySQL 连接
charset	必需。规定默认字符集

6. 释放结果集

mysqli_free_result()函数用于释放内存,数据库操作完成后,需要释放结果集,以释放系统资源。语法如下:

```
mysqli_free_result($result);
```

参数说明见表 5-10。

表 5-10 mysqli_free_result()函数的参数说明

参数	说明
result	必需。规定由 mysqli_query()、mysqli_store_result()或 mysqli_use_result()返回的结果集标识符

mysqli_free_result($result)函数将释放所有与结果标识符 result 相关联的内存。在脚本结束后,所有关联的内存都会被自动释放。

7. 关闭连接

每一次数据库操作都会占用服务器的系统资源,因此数据库操作完成后,应该及时关闭数据库连接,使用 mysqli_close()函数可以关闭数据库连接。语法如下:

```
mysqli_close (connection);
```

参数说明见表 5-11。

表 5-11 mysqli_close ()函数的参数说明

参数	说明
connection	必需。规定要关闭的 MySQL 连接

在 Web 网站的实际项目开发过程中,经常需要在 Web 页面中查询数据信息,查询后使用 mysqli_close()函数关闭数据源即可。

5.3.3 使用 PHP 操作 MySQL 数据库实例

管理 MySQL 数据库中的数据,主要是对数据进行查询、添加、删除、修改等操作,只有熟练地掌握这部分知识,才能够独立开发出基于 PHP 的数据库项目。

5.3.3
【实例 5-3】
【实例 5-4】
【实例 5-5】
【实例 5-6】
【实例 5-7】

1. 建立连接

【实例 5-3】 首先要与 MySQL 数据库建立连接,才能对数据库进行各种操作。使用 PHP 连接前面创建的通讯录 MySQL 数据库(addressbook)。

【实现步骤】

1)启动 Adobe Dreamweaver CS6,创建符合 HTML5 标准的空白 HTML 页面,输入以下代码:

```
<!doctype html>
<html>
<head>
<meta charset="utf-8">
<title>PHP 连接数据库</title>
</head>
<body>
<?php
//设置连接参数
$conn = mysqli_connect('localhost', root, '123456', 'addressbook');
//连接失败时显示错误信息
if (!$conn) {
  echo '连接错误('.mysqli_connect_errno().')'.mysqli_connect_error();
  }
else
  {
  //显示连接成功信息
  echo 'PHP 连接 MySQL 数据库成功: ' . mysqli_get_host_info($conn) . "\n";
  //关闭数据库连接
  mysqli_close($conn);
  }
?>
</body>
</html>
```

2)检查代码后,将文件保存到"C:\PHP\ch05\code0501.php"中,在浏览器的地址栏中输入 http://localhost/ch05/code0501.php,按<Enter>键即可浏览页面运行结果,如图 5-62 所示。

PHP连接MySQL数据库成功: localhost via TCP/IP

图 5-62 PHP 连接 MySQL 数据库

2. 查询数据

【实例 5-4】 查询数据库中的数据,采用 mysqli_query()函数和 select 语句来实现。查询通讯录数据库并显示结果。

【实现步骤】

1）启动 Adobe Dreamweaver CS6，创建符合 HTML5 标准的空白 HTML 页面，输入以下代码：

```
<!doctype html>
<html>
<head>
<meta charset="utf-8">
<title>显示通讯录内容</title>
<link href="css/common.css" rel="stylesheet" type="text/css" />
</head>
<body>
<?php
//设置连接参数
$conn = mysqli_connect("localhost", 'root', '123456', 'addressbook');
mysqli_set_charset($conn,'utf8');//设置字符集
if (!$conn) {    //连接失败时显示错误信息
  echo '连接错误('.mysqli_connect_errno().')'.mysqli_connect_error();
  }
else
  {
    $query="SELECT * FROM address_table";
    $result =mysqli_query($conn,$query);
    echo "<table border=1>",          //使用表格格式化数据
    echo "<tr><td>ID</td><td>姓名</td><td>出生年月</td><td>电话</td><td>地址</td></tr>";
      while($row=mysqli_fetch_array($result))  //遍历SQL语句执行结果，把值赋给数组
      {
        echo "<tr>";
        echo "<td>".$row[0]."</td>";        //显示ID
        echo "<td>".$row[1]." </td>";       //显示姓名
        echo "<td>".$row[2]." </td>";       //显示出生年月
        echo "<td>".$row[3]." </td>";       //显示电话
        echo "<td>".$row[4]." </td>";       //显示地址
        echo "<tr>";
      }
    echo "</table>";
    }
    mysqli_free_result($result);        //释放结果集
    mysqli_close($conn);                //关闭数据库连接
?>
</body>
</html>
```

2）检查代码后，将文件保存到"C:\PHP\ch05\code0502.php"中，在浏览器的地址栏中输入 http://localhost/ch05/code0502.php，按<Enter>键即可浏览页面运行结果，如图 5-63 所示。

ID	姓名	出生年月	电话	地址
1001	张三	2001-03-18	13011111111	深圳市福田区深南大道1001号
1002	李四	2003-06-15	13788888888	深圳市龙岗区龙翔大道1002号

图 5-63　查询数据库并显示结果

3. 添加数据

【实例 5-5】　向数据库中添加数据，采用 mysqli_query()函数和 insert 语句来实现。给通讯录插入数据后再显示数据库表里的内容。

【实现步骤】

1）启动 Adobe Dreamweaver CS6，创建符合 HTML5 标准的空白 HTML 页面，输入以下代码：

```
<!doctype html>
<html>
<head>
<meta charset="utf-8">
<title>插入联系人</title>
<link href="css/common.css" rel="stylesheet" type="text/css" />
</head>
<body>
<?php
//设置连接参数
$conn = mysqli_connect('localhost', 'root', '123456', 'addressbook');
mysqli_set_charset($conn,'utf8');//设置字符集
//连接失败时显示错误信息
if (!$conn) {
  echo '连接错误('.mysqli_connect_errno().')'.mysqli_connect_error();
  }
else
  {
    //插入数据
    mysqli_query($conn,"INSERT INTO `address_table` (`id`, `name`, `birthday`, `tel`, `address`) VALUES ('1003', '王五', '2001-07-20', '13955555555', '北京市海淀区中关村一街 2001 号'), ('1004', '赵六', '2002-02-02', '13677777777', '上海市徐汇区华山路 2002 号')");
    //查询数据
    $query="SELECT * FROM address_table";
    $result =mysqli_query($conn,$query);
    if($result){
      echo '插入联系人成功！';
      echo '<a href=code0504.php>单击显示</a>';
    }
    else
    {
      echo '插入联系人失败！'."<br />";
      echo '<a href=code0504.php>单击显示</a>';
```

```
        }
    }
    mysqli_free_result($result);      //释放结果集
    mysqli_close($conn);              //关闭数据库连接
    ?>
    </body>
    </html>
```

2)检查代码后,将文件保存到"C:\PHP\ch05\code0503.php"中,在浏览器的地址栏中输入 http://localhost/ch05/code0503.php,按<Enter>键,然后查看结果,即可用 code0502.php 浏览插入后的结果,如图 5-64 所示。

ID	姓名	出生年月	电话	地址
1001	张三	2001-03-18	13011111111	深圳市福田区深南大道1001号
1002	李四	2003-06-15	13788888888	深圳市龙岗区龙翔大道1002号
1003	王五	2001-07-20	13955555555	北京市海淀区中关村一街2001号
1004	赵六	2002-02-02	13677777777	上海市徐汇区华山路2002号

图 5-64 插入数据后再查询数据库

4.删除数据

【实例 5-6】 删除数据库中的数据,采用 mysqli_query()函数和 delete 语句来实现。删除通讯录里 id 为 1004 的联系人。

【实现步骤】

1)启动 Adobe Dreamweaver CS6,创建符合 HTML5 标准的空白 HTML 页面,输入以下代码:

```
<!doctype html>
<html>
<head>
<meta charset="utf-8">
<title>删除联系人</title>
<link href="css/common.css" rel="stylesheet" type="text/css" />
</head>
<body>
<?php
//设置连接参数
$conn = mysqli_connect('localhost', 'root', '123456', 'addressbook');
mysqli_set_charset($conn,'utf8');//设置字符集
//连接失败时显示错误信息
if (!$conn) {
  echo '连接错误('.mysqli_connect_errno().')'.mysqli_connect_error();
  }
else
  {
    $query = "delete from address_table where id = 1004";
    $result = mysqli_query($conn,$query);
    if($result){
```

```
      echo '删除联系人成功！';
      echo '<a href=code0504.php>单击显示</a>';
     }
    else
     {
      echo '删除联系人失败！'."<br />";
      echo '<a href=code0504.php>单击显示</a>';
     }
   }
mysqli_free_result($result);    //释放结果集
mysqli_close($conn);            //关闭数据库连接
?>
</body>
</html>
```

2）检查代码后，将文件保存到"C:\PHP\ch05\code0504.php"中，在浏览器的地址栏中输入 http://localhost/ch05/code0504.php，按<Enter>键，然后查看结果，即可用 code0502.php 浏览删除后的结果，如图 5-65 所示。

ID	姓名	出生年月	电话	地址
1001	张三	2001-03-18	13011111111	深圳市福田区深南大道1001号
1002	李四	2003-06-15	13788888888	深圳市龙岗区龙翔大道1002号
1003	王五	2001-07-20	13955555555	北京市海淀区中关村一街2001号

图 5-65 删除联系人后再显示数据表内容

5．修改数据

【实例 5-7】 修改数据库中的数据，采用 mysqli_query()函数和 update 语句来实现。将通讯录里姓名为"王五"的联系人修改为"刘强"。

【实现步骤】

1）启动 Adobe Dreamweaver CS6，创建符合 HTML5 标准的空白 HTML 页面，将所有源代码替换为以下代码：

```
<!doctype html>
<html>
<head>
<meta charset="utf-8">
<title>修改联系人信息</title>
<link href="css/common.css" rel="stylesheet" type="text/css" />
</head>
<body>
<?php
//设置连接参数
$conn = mysqli_connect('localhost', 'root', '123456', 'addressbook');
mysqli_set_charset($conn,'utf8');//设置字符集
//连接失败时显示错误信息
if (!$conn) {
    echo '连接错误('.mysqli_connect_errno().')'.mysqli_connect_error();
```

```
        }
      else
       {
         $query="update address_table set name='刘强' where name='王五'";
         $result =mysqli_query($conn,$query);
         if($result){
            echo '修改联系人成功!';
            echo '<a href=code0504.php>单击显示</a>';
           }
         else
          {
            echo '修改联系人失败!'."<br />";
            echo '<a href=code0504.php>单击显示</a>';
          }
       }
   mysqli_free_result($result);       //释放结果集
   mysqli_close($conn);               //关闭数据库连接
   ?>
   </body>
   </html>
```

2）检查代码后，将文件保存到"C:\PHP\ch05\code0506.php"中，在浏览器的地址栏中输入 http://localhost/ch05/code0506.php，按<Enter>键然后查看结果，即可用 code0503.php 浏览修改后的结果，如图 5-66 所示。

ID	姓名	出生年月	电话	地址
1001	张三	2001-03-18	13011111111	深圳市福田区深南大道1001号
1002	李四	2003-06-15	13788888888	深圳市龙岗区龙翔大道1002号
1003	刘强	2001-07-20	13955555555	北京市海淀区中关村一街2001号

图 5-66　修改联系人姓名

5.4　SQL 注入漏洞与安全防护

SQL 注入（SQL Injection）是一种常见的网络安全攻击技术，它利用输入验证不充分的漏洞，将恶意的 SQL 代码插入应用程序的数据库查询中。通过成功执行这些恶意 SQL 代码，攻击者可以绕过身份验证，获取未授权的访问权限，篡改数据库内容甚至控制整个应用程序，对网站的危害非常大。

5.4.1　SQL 注入漏洞的威胁

下面介绍 SQL 注入的方式和威胁，并给出一个 SQL 注入的实例。

1．SQL 注入的方式

SQL 注入通常发生在与数据库交互的 Web 应用程序中。攻击者

5.4.1
SQL 注入漏洞的威胁

可以通过在输入字段中插入恶意的 SQL 代码来利用这些漏洞。当应用程序未正确验证和过滤用户提供的输入时，攻击者可以利用这些输入构造恶意 SQL 查询。

SQL 注入的方式主要有以下三种。

（1）恶意拼接查询

SQL 语句可以查询、插入、更新和删除数据，且使用分号来分隔不同的命令。示例如下：

```
SELECT * FROM users WHERE user_id = $user_id;
```

其中，user_id 是传入的参数，如果传入的参数值为"1234; DELETE FROM users"，那么最终的查询语句会变为：

```
SELECT * FROM users WHERE user_id = 1234; DELETE FROM users;
```

如果以上语句执行，则会删除 users 表中的所有数据。

（2）传入非法参数

SQL 语句中传入的字符串参数是用单引号引起来的，如果字符串本身包含单引号而没有被处理，那么可能会篡改原本 SQL 语句的作用。示例如下：

```
SELECT * FROM address_table where name = '$name';
```

试想一下，如果攻击者在 name 传入参数值为' OR '1'='1，那么最终的查询语句会变为：

```
SELECT * FROM address_table where name = '' OR '1'='1';
```

由于'1'='1'恒为真，所以查询语句会返回所有用户的记录。攻击者可以通过这种方式查询所有用户信息，从而获取敏感数据。

（3）添加额外条件

在 SQL 语句中添加一些额外条件，以此来改变执行行为。条件一般为真值表达式。示例如下：

```
UPDATE users SET userpass='$userpass' WHERE user_id=$user_id;
```

如果 user_id 被传入恶意的字符串"1234 OR TRUE"，那么最终的 SQL 语句会变为：

```
UPDATE users SET userpass= '123456' WHERE user_id=1234 OR TRUE;
```

这将更改所有用户的密码。

2．SQL 注入的威胁

SQL 注入漏洞具有严重的安全威胁，攻击者可以利用这种漏洞对应用程序和数据库造成严重的损害。以下是 SQL 注入漏洞可能导致的威胁。

- **数据泄露**：攻击者可以通过注入恶意 SQL 代码来访问和检索敏感的数据库信息，如用户凭据、个人身份信息、财务数据等。这种数据泄露可能导致隐私问题、身份盗窃和金融损失。
- **身份验证绕过**：通过恶意构造的 SQL 查询，攻击者可以绕过应用程序的身份验证机制。这可能使攻击者能够以其他用户的身份登录，获得未授权的访问权限，并执行未经授权的操作。
- **数据篡改**：通过注入恶意 SQL 代码，攻击者可以修改数据库中的数据，包括插入、更新或删除记录。这可能导致数据一致性问题、信息损坏，甚至系统功能故障。
- **完全控制**：在某些情况下，成功的 SQL 注入攻击可能使攻击者能够完全控制受影响的应用程序和数据库服务器。攻击者可以执行任意的 SQL 查询，操纵数据、创建恶意账户、安装后门等，从而对系统进行完全的入侵和控制。
- 拒绝服务（DoS）：攻击者可以利用 SQL 注入漏洞来执行资源密集型查询，导致数据库服务器过载，从而使应用程序无法正常运行或响应其他用户的请求。

总的来说，SQL 注入漏洞给应用程序和数据库带来严重的安全威胁，可能导致数据泄露、身份验证绕过、数据篡改、系统控制和拒绝服务等问题。因此，开发人员应该采取适当的安全措施来防止和缓解 SQL 注入攻击。

3．SQL 注入漏洞实例

【实例 5-8】 传入非法参数的 SQL 注入漏洞。

【实现步骤】

1）启动 Adobe Dreamweaver CS6，创建符合 HTML5 标准的空白 HTML 页面，输入以下代码，将文件保存到 "C:\PHP\ch05\code0508_select_page.html" 中。

```html
<!DOCTYPE html>
<html>
 <head>
 <meta charset="utf-8">
   <title>SQL 注入漏洞</title>
   <link href="css/code0508_mystyle.css" rel="stylesheet" type="text/css" />
 </head>
 <body>
  <h1>信息查询</h1>
  <form name="myForm" action="code0508_result.php" method="post">
    <label for="name">姓名：</label>
    <input type="text" id="name" name="name" required>
    <input type="submit" value="查询">
  </form>
 </body>
</html>
```

2）启动 Adobe Dreamweaver CS6，创建 CSS 文件，输入以下代码，将文件保存到 "C:\PHP\ch05\css\code0508_mystyle.css" 中。

```css
@charset "utf-8";
    body {
      font-family: Arial, sans-serif;
      background-color: #f1f1f1;
    }
    form {
      background-color: #fff;
      padding: 20px;
      max-width: 400px;
      margin: 0 auto;
      box-shadow: 0 0 10px rgba(0, 0, 0, 0.2);
    }
    label {
```

```
      display: block;
      margin-bottom: 8px;
    }
    input[type="text"],
    input[type="email"],
    input[type="password"] {
      width: 100%;
      padding: 12px;
      border: 1px solid #ccc;
      border-radius: 4px;
      box-sizing: border-box;
      margin-bottom: 16px;
    }
    input[type="submit"] {
      background-color: #4caf50;
      color: #fff;
      padding: 12px 20px;
      border: none;
      border-radius: 4px;
      cursor: pointer;
    }
    input[type="submit"]:hover {
      background-color: #3e8e41;
    }
    .error {
      color: red;
      margin-bottom: 8px;
    }
```

3）启动 Adobe Dreamweaver CS6，创建符合 HTML5 标准的 PHP 文件，输入以下代码，将文件保存到"C:\PHP\ch05\code0508_result.php"中。

```
<?php
// 处理表单提交的数据
if ($_SERVER['REQUEST_METHOD'] == 'POST') {
    // 获取表单数据
    $name = $_POST['name'];
    $password = $_POST['password'];
}
//设置连接数据库的参数
$conn = mysqli_connect("localhost", 'root', '123456', 'addressbook');
mysqli_set_charset($conn,'utf8');//设置字符集
if (!$conn) {    //连接失败时显示错误信息
    echo '连接错误('.mysqli_connect_errno().')'.mysqli_connect_error();
    }
else
    {
        $query="SELECT * FROM address_table where name = '$name'";
```

```
    $result =mysqli_query($conn,$query);
    echo "<table border=1>";          //使用表格格式化数据
    echo "<tr><td>ID</td><td>姓名</td><td>出生年月</td><td>电话</td><td>地址</td></tr>";
    while($row=mysqli_fetch_array($result))  //遍历 SQL 语句执行结果把值赋给数组
    {
      echo "<tr>";
      echo "<td>".$row[0]."</td>";           //显示 ID
      echo "<td>".$row[1]." </td>";          //显示姓名
      echo "<td>".$row[2]." </td>";          //显示出生年月
      echo "<td>".$row[3]." </td>";          //显示电话
      echo "<td>".$row[4]." </td>";          //显示地址
      echo "<tr>";
    }
    echo "</table>";
    }
    mysqli_free_result($result);             //释放结果集
    mysqli_close($conn);                     //关闭数据库连接
    ?>
```

4）在浏览器的地址栏中输入 http://localhost/ch05/code0508_select_page.html，按<Enter>键，即可浏览页面运行结果，如图 5-67 所示。

图 5-67　信息查询页面

5）在"姓名"输入框中输入"张三"，单击"查询"按钮，可以查看此人的信息，如图 5-68 所示。

图 5-68　信息查询结果

6）在"姓名"输入框中输入' OR '1'='1，如图 5-69 所示。

图 5-69　注入恶意 SQL 代码

7）单击"查询"按钮，即可查到该数据表中的所有记录，如图 5-70 所示。

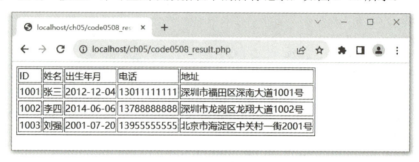

图 5-70　所有用户信息遭到泄漏

5.4.2　SQL 注入漏洞的防护

下面先介绍 SQL 注入的防护措施，然后给出一个 SQL 注入漏洞的防护实例。

5.4.2
SQL 注入漏洞的防护

1．SQL 注入的防护措施

虽然 SQL 注入漏洞很容易实施且危害性大，但是了解了 SQL 注入方法后，防护起来并不复杂，可以通过一些合理的操作和配置来降低 SQL 注入的威胁。

（1）PDO 参数绑定

PDO（PHP 数据对象）是 PHP 操作数据库常用的方法。参数绑定是一种在执行 SQL 查询时，将变量绑定到查询中的占位符的技术。使用参数绑定可以提高安全性，防止 SQL 注入攻击，并简化代码编写。

以下是使用 PDO 进行参数绑定的一般方法：

```php
<?php
// （1）编写包含占位符的 SQL 查询语句，占位符使用冒号（:）或问号（?）表示
$sql = "SELECT * FROM users WHERE username = :username";
// （2）使用 PDO 预处理语句来准备查询
$stmt = $pdo->prepare($sql);
// （3）使用 bindParam()方法将变量绑定到占位符
$stmt->bindParam(':username', $username);
```

```
        // （4）在绑定完所有参数后，通过 execute()方法执行查询
        $stmt->execute();
    ?>
```

完成上述步骤后，可以通过适当的方法（如 fetch()或 fetchAll()）来获取查询结果。

需要注意的是，以上代码只是示例，假设已经建立了与数据库的连接并将其存储在名为 $pdo 的 PDO 对象中。在实际使用中，需要根据自己的数据库和查询需求进行相应的调整。

此外，还可以使用问号（?）作为占位符，但在绑定参数时需要注意参数的顺序。

总而言之，使用 PDO 参数绑定可以提高代码的安全性和可读性，同时减少了手动转义数据的需要，并帮助防止 SQL 注入攻击。

（2）函数转义

虽然大部分情况下都可以通过底层 DB 类封装好的方法来操作数据库，比如常见的连贯操作，可是依然会有一部分操作底层是很难满足的，所以依然会存在少部分裸写 SQL 的情况，这个时候就得使用函数转义来保障 SQL 语句的结构不被改变，常见的转义函数是：

1）intval()函数。当可以明确参数的类型时，可以使用 intval()转义函数把接收的参数转换一下类型，防止参数中出现一些非法的 SQL 语句。比如，要接收一个学生 ID 号，可以使用如下语句：

```
        $studentID = intval($_GET['student_ID']);
```

2）addslashes()函数。addslashes()函数在指定的预定义字符前添加反斜杠，这些字符是单引号（"）、双引号（""）、反斜线（\）与 NUL（NULL 字符），用于对字符串中的特殊字符进行转义处理。可以使用如下语句：

```
        $name = addslashes($name);
        SELECT * FROM address_table where name = '' OR '1'='1'
```

这样可以确保用户输入被正确地转义和处理，而不会被当作 SQL 代码的一部分执行。如果攻击者在这里把参数 name 故意提交为' OR '1'='1，服务器将不会产生 SQL 注入问题。因为通过 addslashes()函数已经把单引号 """，转为了的 "\'"，所以可以避免 SQL 注入。但是前提条件是 PHP 请求数据库时的字符集为 UTF-8，否则 GBK 依然会存在注入的可能性，所以建议大家把代码和数据库都设置为 UTF-8 编码。

此外，mysqli_real_escape_string()转义函数与 addslashes()函数大体是类似的，不过 mysqli_real_escape_string()函数对 PHP 版本有一些要求，所以一般推荐使用 addslashes()函数。

（3）参数规则验证

主要通过以下三点来验证。

- 检查用户输入的合法性，确认输入的内容只包含合法的数据。数据检查需要两端全部检查，客户端检查后，服务器还需要执行一次检查。之所以还需要执行服务器验证，是为了弥补客户端验证机制脆弱的安全性。
- 限制表单或查询字符串输入的长度。如果用户的登录名字最多只有 10 个字符，那么不要认可表单中输入的 10 个以上的字符，这将大大增加攻击者在 SQL 命令中插入有害代码的难度。
- 检查提取数据的查询所返回的记录数量。如果程序只要求返回一个记录，但实际返回的记录却超过一行，那就当作出错处理。

(4) 屏蔽错误消息

防范 SQL 注入还要避免出现一些详细的错误消息，因为攻击者可以利用这些消息。要使用一种标准的输入确认机制来验证所有输入数据的长度、类型、语句、企业规则等，例如下述语句：

```php
<?php
  @$conn = mysqli_connect("localhost", "root", "") or die("error connecting");
?>
```

连接数据库的时候，在行首加上一个@符号，就可以屏蔽错误信息输出。

(5) 权限控制

对于用来执行查询的数据库账户，限制其权限。用不同的用户账户执行查询、插入、更新、删除操作。由于隔离了不同账户可执行的操作，因此就防止了原本用于执行 SELECT 命令的地方被用于执行 INSERT、UPDATE 或 DELETE 命令。

综上所述，采取这些防护措施可以显著降低 SQL 注入漏洞的风险。重要的是要始终将安全性作为开发过程中的关键考虑因素，并定期审查和测试应用程序以发现和修复潜在的漏洞。

2. SQL 注入漏洞安全防护实例

针对上述实例中的 SQL 注入攻击，以下给出了其对应的安全防护实例。

【实例 5-9】 SQL 注入漏洞安全防护。

【实现步骤】

1）启动 Adobe Dreamweaver CS6，创建符合 HTML5 标准的空白 HTML 页面，输入以下代码，将文件保存到 "C:\PHP\ch05\code0508_select_security_page.html" 中。

```html
<!DOCTYPE html>
<html>
 <head>
 <meta charset="utf-8">
   <title>SQL 注入漏洞安全防护</title>
   <link href="css/code0508_mystyle.css" rel="stylesheet" type="text/css" />
 </head>
 <body>
   <h1>信息查询</h1>
   <form name="myForm" action="code0508_result_security.php" method="post">
     <label for="name">姓名：</label>
     <input type="text" id="name" name="name" required>
     <input type="submit" value="查询">
   </form>
 </body>
</html>
```

2）启动 Adobe Dreamweaver CS6，创建符合 HTML5 标准的 PHP 文件，输入以下代码，将文件保存到 "C:\PHP\ch05\code0508_result_security.php" 中。

```php
<?php
// 处理表单提交的数据
if ($_SERVER['REQUEST_METHOD'] == 'POST') {
```

```
    // 获取表单数据
    $name = $_POST['name'];
    $password = $_POST['password'];
}
//设置连接数据库的参数
$conn = mysqli_connect("localhost", 'root', '123456', 'addressbook');
mysqli_set_charset($conn,'utf8');              //设置字符集
if (!$conn) {    //连接失败时显示错误信息
  echo '连接错误('.mysqli_connect_errno().')'.mysqli_connect_error();
}else {
    $name = addslashes($name);                 //对用户输入进行函数转义
    $query="SELECT * FROM address_table where name = '$name'";
    $result =mysqli_query($conn,$query);
    echo "<table border=1>";                   //使用表格格式化数据
    echo "<tr><td>ID</td><td>姓名</td><td>出生年月</td><td>电话</td><td>地址</td></tr>";
    while($row=mysqli_fetch_array($result))    //遍历 SQL 语句执行结果把值赋给数组
    {
      echo "<tr>";
      echo "<td>".$row[0]."</td>";             //显示 ID
      echo "<td>".$row[1]." </td>";            //显示姓名
      echo "<td>".$row[2]." </td>";            //显示出生年月
      echo "<td>".$row[3]." </td>";            //显示电话
      echo "<td>".$row[4]." </td>";            //显示地址
      echo "<tr>";
    }
  echo "</table>";
}
mysqli_free_result($result);                   //释放结果集
mysqli_close($conn);                           //关闭数据库连接
?>
```

3）在浏览器的地址栏中输入 http://localhost/ch05/code0508_select_security_page.html，按 <Enter>键，在"姓名"输入框中输入' OR '1'='1，如图 5-71 所示。

图 5-71　信息查询页面

4)单击"查询"按钮,则无法查询到任何记录,如图 5-72 所示。

图 5-72　信息查询结果

本章实训

1. 使用命令方式创建一个同学录数据库,建库、建表、录入数据。
2. 用 phpMyAdmin 设计一个用户注册表。
3. 用 PHP 直接实现用户留言表的建立,并考虑 SQL 注入漏洞的安全防护。
4. 用 PHP 直接实现用户反馈表的建立,并考虑 SQL 注入漏洞的安全防护。

第 6 章 企业安全开发体系的构建

本章导读

本章首先给出 Web 应用系统安全开发的三个基本原则,然后介绍软件项目的安全开发流程,以及微软的安全开发生命周期,最后阐述如何在企业层面建立合理的安全开发体系。

学习目标

- 理解 Web 系统安全开发原则。
- 熟悉软件项目安全开发流程。
- 掌握建立合理的企业安全开发体系的方法。

素养目标

- 了解国家政策,心系国家建设,树立技能报国的人生理想。

6.1 Web 应用系统安全开发原则

对于 Web 应用系统的安全开发,要坚持"居安思危"的意识,也就是坚持一种超前的危机意识和忧患意识。

Web 应用系统的安全开发人员应该遵守以下三个方面的原则。

6.1 Web 应用系统安全开发原则

1. 不可信原则

对 Web 应用系统,访问系统的用户几乎都是不被信任的,他们当中隐藏着攻击者。开发人员应该时刻保持警惕性,对所有用户的输入和输出进行检查。

(1)检查所有的输入

合法的输入才可以进入流程,这样才能最大限度地保证程序的安全。一般情况下需要检查的输入内容包括 URL、GET、POST、COOKIE 等。当用户提交数据时,需要根据字段本身的性质进行检查,检查数据长度、范围、格式、类型是否正确,如邮编必须为六位数字、身份证号码必须符合身份证号码的编码规则等。当发现非法数据时,应该立即阻断响应,而不是修复数据,以防止发生二次污染或者遭到攻击。

为了进一步提高网站的安全性,应该采用前端后端数据检查相结合的方法来完成程序对输入数据的检查,避免只在前端通过客户端脚本完成数据检查的做法。因为攻击者很容易绕过客户端检查程序,如 SQL 注入攻击等。需要尽量规范用户可以输入的内容,除了限制并过滤输入的非法信息外,还要严禁上传非法文件,防止发生越权、命令执行等漏洞。

(2)检查所有的输出

要保障输出数据的合法性,防止输出数据夹杂用户的自定义数据。警惕所有输出数据,所有数据都有被篡改的可能性。特别要注意的是防止邮件内容的输出、短信内容的输出,因为这些输出容易被恶意攻击者利用为钓鱼攻击、非法广告宣传等；防止输出内容中夹杂用户可控的 HTML、JavaScript 数据，因为攻击者可以通过这些数据控制页面内容、窃取服务器，以及用户信息。

（3）数据在传输过程中的安全性

为了防止传递到服务端和从服务端回传的数据被监听截获，以及被篡改，通常的做法是为数据添加时效性，或者将数据进行加密处理，采用合理的方式来保障数据的安全传输。

2. 最小化原则

开发人员在 Web 应用系统中要对用户的每一次访问、每一次数据操作都进行身份认证。确认当前用户的真实身份后，将用户的可见范围控制在允许的最小范围，并去访问用户所拥有的权限和数据。

（1）权限最小化

开发人员总是希望用户访问应该访问的页面，不希望用户跳出网站程序的限制，访问到别人的数据，或者直接查看数据库，甚至控制服务器。只授予用户必要的权限，避免过度授权，可以有效地降低系统、网络、应用、数据库被非法访问的概率。

对于服务器目录的权限也应该做出规定。比如，存放上传文件的目录绝大多数情况下是不应该有执行权限的，应防止用户通过可执行程序获取服务器权限等。

（2）暴露最小化

应用程序需要与外部数据源进行频繁通信，主要的外部数据源是客户端浏览器和数据库。如果正确地跟踪数据，就可以确定哪些数据被暴露了。公共网络是最主要的暴露源之一，需要时刻小心防止数据被暴露在 Web 应用系统上。

数据暴露不一定就意味着安全风险，但数据暴露要尽量最小化。为了降低对敏感数据的暴露率，需要确认什么数据是敏感的，同时跟踪它，并消除所有不必要的数据暴露。

3. 简单化原则

PHP 之所以流行，就是因为它较其他语言来说简单易懂。研发一个功能正常的系统需要做到项目易读易维护、系统安全有保障、性能扩展性强。

功能正常、保障系统可用、业务流程完整，是对一个系统的基本要求。如果一个系统可读性差，维护难度高，很容易引起功能异常，项目交付时间会不断被拉长，即使暂时交付，隐藏的问题在后期也会不断地暴露出来，影响用户的正常使用。

（1）易读易维护

开发一个项目，在保证它能正常满足需求的情况下，易读易维护是第一位。因为复杂不仅会滋生错误，而且很容易导致安全漏洞，使得业务功能、系统安全、性能优化无从下手。开发过程中，代码使用清晰的流程结构，保持逻辑清晰，可以在一定程度上避免安全问题的发生。

（2）系统安全有保障

在项目易读易维护、基本功能正常的前提下，再来考虑系统的安全性，对系统进行加固。安全漏洞的存在，轻则导致功能异常，重则导致系统崩溃，更有甚者导致数据全部泄露，给用户和企业造成无法挽回的损失。

（3）性能扩展性强

一个完美的项目，离不开可靠的性能和良好的扩展性。性能与扩展性依赖于项目的易读易维护性，反之，系统性能优化和扩展将无法进行。随着系统业务量和功能的不断增加，原有的性能和扩展性差的项目将被废弃，企业将不得不重新进行规划和投入更高的开发成本。

6.2 软件项目安全开发流程

安全开发流程能够帮助企业以最小的成本提高产品的安全性。实施好安全开发流程，对企业安全的发展来说可以起到事半功倍的作用。

6.2 软件项目安全开发流程

1. 安全开发流程简介

安全开发流程是指在软件开发过程中，结合安全需求，采用安全技术和方法，提前预防和识别潜在的安全风险，以确保开发出安全、可靠、高质量的软件产品。以下是通常的安全开发流程。

1）需求分析阶段：在需求分析阶段，要评估安全风险并确定相应的安全需求。确定安全需求可以通过参考相关的安全标准或者制定安全策略，以确保应用程序的安全性。

2）设计阶段：在设计阶段，要考虑安全设计并实施相应的措施。安全设计的目标是在设计和实现过程中预防漏洞，并使得应用程序满足安全需求。

3）编码阶段：在编码阶段，要使用安全编码技术，如代码审查和代码扫描，以发现并纠正漏洞和安全弱点。在编码阶段，还要遵循安全编码准则，以确保代码的安全性。

4）测试阶段：在测试阶段，要对应用程序进行安全测试，以确保应用程序能够在各种攻击下保持安全。安全测试可以包括黑盒测试、白盒测试、灰盒测试等多种测试方法。

5）部署阶段：在部署阶段，要使用安全部署策略，如安全配置和安全认证，以确保应用程序在部署后仍能保持安全。

6）运维阶段：在运维阶段，要对应用程序进行安全监控和漏洞修复。通过定期检查和修复漏洞，确保应用程序能够持续保持安全。

以上步骤不一定是线性的，不同阶段的任务可能交织在一起。实施安全开发流程可以提高软件开发的质量和安全性，减少潜在的安全风险。

2. 微软安全开发生命周期

微软安全开发生命周期（Security Development Lifecycle, SDL）是一种用于软件开发的安全性集成方法论，旨在帮助开发人员构建更安全、更可靠的软件。SDL 包括一系列的最佳实践和指南，涵盖了软件开发过程的各个阶段，从需求定义到发布和维护。

微软 SDL 把项目安全开发生命周期分为了 7 个阶段，如图 6-1 所示。

培训	要求	设计	实施	验证	发布	响应
核心安全培训	明确安全性要求 创建质量门/错误标尺 安全和隐私风险评估	建立设计要求 分析攻击面 威胁建模	使用标准的工具 弃用不安全的函数 静态分析	动态分析 模糊测试 攻击面评析	事件响应计划 最终安全评析 发布存档	执行事件响应计划

图 6-1 微软 SDL 流程

1)培训:提供核心安全培训,确保开发人员和相关人员了解安全最佳实践,并能够在开发过程中应用这些原则。

2)要求:在项目开始之前,明确安全性要求,并将其纳入需求定义和设计阶段。包括对创建质量门/错误标尺、安全和隐私风险评估方面的要求。

3)设计:建立设计要求,考虑安全架构和防御机制,确保系统的安全性能得到嵌入式设计,这包括分析攻击面、威胁建模等。

4)实施:在编码过程中,使用标准的工具,遵循安全编码准则,如弃用不安全的函数、静态分析等。

5)验证:进行各种形式的安全测试,包括动态分析、模糊测试、攻击面评析等。

6)发布:建立事件响应计划,进行最终安全评析,并发布存档。

7)响应:执行事件响应计划,以便及时响应和修复发现的安全漏洞。

微软 SDL 旨在将安全性纳入整个软件开发生命周期,帮助开发人员在设计、编码、测试和发布过程中考虑和解决安全问题。它提供了一套系统化的方法和指南,以降低软件开发中的安全风险,并改善软件的整体安全性。

6.3 建立合理的安全开发体系

大型的互联网企业一般都有完善的安全保障体系,而中小型企业通常无法承受高昂的安全基础建设成本。但是也不能忽视安全问题的重要性,安全无小事,对于很多企业,无论大小,漏洞不仅会给企业造成经济损失,而且还会损害企业的声誉,安全带来的问题对企业来说是致命的。安全体系的建立不用追求大而全,参考微软安全开发生命周期,可以从以下几个方面来建立一套适合自己的安全开发体系。

6.3 建立合理的安全开发体系

1. 制定安全的规范标准

在保障业务增长的同时,安全问题会逐渐凸显。为了保障业务安全,应将安全工作融入项目整个生命周期,尽可能减少项目中存在的安全问题,保障业务可以稳健地为用户服务。

根据自己企业的规模、可投入的成本,尽量覆盖主要流程,制定适合自己企业的安全规范标准。企业项目开发各阶段需要做的安全投入如图 6-2 所示。

体系建设阶段	需求分析阶段	项目开发阶段	项目测试阶段	项目上线阶段
安全培训		代码审查	人工测试	灰度发布
SDL 建设	安全评估	代码审计	白盒扫描	漏洞扫描
安全编码规范	安全功能设计			安全监控
安全架构设计		代码保密机制	黑盒扫描	应急预案
				应急响应
				信息保密

图 6-2 企业项目开发各阶段需要做的安全投入

2. 业务需求的安全分析

安全的本质是保障业务体系的健康发展,某些情况下,安全成本的提高会影响用户体验和业务增长效率。合理权衡"安全风险"与"系统功能",对团队来说至关重要。

在业务需求分析阶段,从产品设计、架构方面,在安全上一定要有所考虑,尽可能在需求分析和项目设计阶段避免安全问题。在详细设计文档时,需要对项目进行系统性的安全评估。针对项目中可预见的安全风险,结合实际情况、业务特点,对系统的安全做出必要的设计和权衡。

3. 开发过程的编码安全

除了 Web 项目开发中需要注意的安全问题,还要引导开发人员加深对业务的思考,养成良好的代码审查习惯,在开发过程中避免安全问题。让每名开发人员都意识到对源代码保密的重要性。

可以通过代码审查或者使用代码审计工具对源代码检查。在审查编码是否符合安全规范的同时,通过标注高危函数、标注数据来源,可以有效避免一些漏洞。

4. 项目交付前的安全测试

在项目交付之前,需要进行专门的安全渗透测试,将安全风险降至最低,如进行白盒安全扫描、黑盒安全扫描。

5. 项目交付后的安全监控

在项目交付之后,应该对日志进行实时监控,对访问日志进行分析,发现暗藏的风险。同时应该周期性地进行漏洞扫描,如弱口令扫描、系统服务扫描、Web 漏洞扫描等,这样可以在被攻击者发现可利用的漏洞之前进行修复,将可能带来的损害降至最低。

6. 建立安全应急响应机制

没有绝对的安全,外部恶意攻击者或白帽子总能发现安全盲点。有资金能力的企业可积极建立沟通渠道,建立自己的应急响应中心。通过给白帽子发放奖励,将企业的漏洞信息收集上来,借助白帽子的力量,将漏洞的影响范围缩减至最小。当然,企业也可以借助第三方的应急响应服务来帮助自己发现安全问题。

本章实训

给 PHP Web 应用系统开发项目编写一套安全开发体系的规约文档。